商店叢書 ㊼

賣場如何經營會員制俱樂部

洪海洋　編著

憲業企管顧問有限公司　　發行

《賣場如何經營會員制俱樂部》

序 言

　　商場推動會員制的實施，無論對企業還是客戶來說，都是雙贏的選擇。「會員制」行銷技巧是企業獲取利潤的最有效利器。

　　在競爭日趨激烈的今天，客戶已經成為企業發展的生命線；誰擁有客戶，就能成功，更進一步的說，誰擁有忠誠的客戶，就會立於不敗的地步。擁有忠誠的客戶群，就擁有財富和發言權。忠誠的客戶，就像生日蛋糕上的那層奶油，最可口、最好吃，只有搶到奶油吃的企業才能活得更好，長得更大。

　　商店賣場經營的成功與否，「開發新客戶」與「鞏固老客戶」是成功原因，**而「老客戶」是關鍵重點，「鞏固老客戶」或「利用老客戶來開發新客戶」更是最高明手法**，這當中，最有效的推動技巧是「會員制」行銷技巧，**「會員制行銷技巧」就是掌握忠誠老客戶的工具，為企業獲取利潤的最有效利器。**

自 19 世紀 90 年代末，**會員制的浪潮席捲**各行各業，小到洗衣店、美容美髮店，大到食品公司、百貨公司、服務業等，都在推行會員制。

　　會員制的精髓在于將服務、利益、溝通、情感等因素進行整合，爲客戶提供獨一無二的具有較高認知價值的利益組合，與客戶建立起長久關係。**對於客戶而言**，不但可以享受到比其他消費者更爲優惠的價格，在服務等方面可以得到特別對待；**對於企業來説**，因爲會員得到了更多的實惠與利益，從而增加了持續消費，使企業可以擁有更多的固定客戶群體。

　　本公司在 2005 年推出「會員制行銷技巧」企管培訓班，廣受企業界喜愛，2006 年出版圖書，2007 年 2 月修訂版更正內容，2011 年 11 月增訂版更多案例，本書通俗易懂，注重實戰技能的傳授，并配以大量的案例，操作性强，爲有意實行會員制行銷技巧的企業提供參考。

2011 年 11 月

《賣場如何經營會員制俱樂部》

目　錄

第 1 章

商場要採用會員制行銷技巧

◀))) 第一節　什麼是會員制

　　近年來，會員制消費迅速普及，尤其在商品流通領域，會員制行銷更加普遍。無論是大型超市，還是稍有規模的連鎖店，甚至是各大商場、商店，都實行會員制行銷。

　　會員制消費已經成爲消費者普遍接受的一種日常消費方式，是企業與消費者之間的制度模型中最爲重要的組織形式之一。那麼，什麼是會員制呢？

　　各種各樣的會員卡形成了一張無形的網，將熱愛休閒、購物、娛樂的人們彙集在一起，通過形式多樣的會員活動，使會員成爲商家定期消費的忠誠客戶。這就是商業會員制，它已經成爲各路商家開發和維護忠誠客戶的秘密武器。

一、會員制是一種溝通媒介，可創造價值

會員制是一種人與人或組織與組織之間進行溝通的媒介，它是由某個組織發起並在該組織的管理運作下，吸引客戶自願加入，目的是定期與會員聯繫，爲他們提供具有較高感知價值的利益包。會員制行銷目標是通過與會員建立富有感情的關係，不斷激發並提高他們的忠誠度。

可從以下各方面更詳細地理解會員制：

- 人與人或組織與組織之間——不但個人可以加入會員制，而且像家庭或者公司這樣的團體也可以加入會員制。

- 進行溝通的媒介——會員制可以有不同的組織方式以及不同形式的會員章程，其範圍覆蓋一般的溝通到各種各樣的會員活動。

- 由某個組織發起並運作——會員制是由某個組織而不是個人或消費者發起而成立的，而且會員的所有活動及管理工作都由發起的組織負責。

- 吸引客戶自願加入——客戶是完全自願而不是被迫加入的。

- 定期與會員直接接觸——會員制組織要定期與會員溝通，但不是通過大眾媒體（如電視廣告等）進行，而是以個性化的溝通（如電話、短信、電子郵件、Internet 等）來完成。

- 提供較高感知價值的利益包——這是吸引客戶加入並形成客戶忠誠的主要因素，提供的利益必須要讓客戶感覺有價

值，而不是會員制組織本身認爲他們提供的價值不錯。

- 與會員建立富有感情的關係——單純依靠打折、贈送等財務方式與客戶建立的關係是短暫的，只有富有感情色彩的關係才是形成客戶忠誠更持久、更強大的驅動力。
- 激發和提高客戶忠誠度——激發會員採取行動進一步購買產品、增加購買頻率、爲產品做更多宣傳、積極與會員俱樂部溝通、提供有效資訊等，並最終達到提高忠誠度的目標。

一般情況下，會員制組織是企業、機構及非營利組織維繫其客戶的結果，會員制組織的名稱有「會員俱樂部」、「客戶俱樂部」、「VIP 俱樂部」、「××會」等，它通過提供一系列的利益來吸引客戶自願加入，這一系列的利益稱爲客戶忠誠計劃。而加入會員制組織的客戶稱爲會員，會員制組織與會員之間的關係通過「會員卡」來體現，會員卡是會員進行消費時享受優惠政策或特殊待遇的「身份證」。

那麼，什麼是會員制行銷呢？一般人都會認爲：「行銷嘛，肯定就是賣東西，所以，顧名思義，會員制行銷就是通過會員制的形式來間接地賣東西。」乍一聽好像沒錯，其實不然，會員制行銷的實際意義就是創造會員價值，或者換一句話來，就是實現「會員價值的最大化」。總的來說，會員制的名稱是什麼並不重要，重要的是它能達到提高客戶忠誠度的目的。

二、會員制對企業的主要效益

會員制行銷作爲一種優秀的行銷方式在各個行業顯示出無

比的威力，實行會員制行銷會起到多方面的作用，主要作用如下：

1.獲得市場消費的第一手資料

企業想獲得市場消費的第一手資料，其最真實、最可靠的調查都來自於真正的客戶，而會員制給予了廠商與會員相互溝通的最直接的機會。

2.能夠緊密地「團結」企業的關鍵和重點客戶

根據現代行銷的「二八效應」理論，客戶有重點客戶和非重點客戶之分，為企業帶來 80%利潤的是 20%的關鍵和重點客戶，而其他客戶則可能是非贏利客戶，因此會員制的會員，是企業的血脈。

現代企業要學會「有所為，有所不為」，會員制行銷可以把一般客戶發展為重點客戶或關鍵客戶。此外，會員制行銷也是將無效客戶拒之門外的秘密武器。

3.有利於品牌塑造和樹立企業形象

形象與品牌需要傳播，美譽度來自於口碑，而會員制行銷可以通過這些會員的良好口碑，通過個人傳播，服務於品牌塑造和企業形象塑造。按照傳播學理論，一個人至少可以影響九個人，會員制利用口碑行銷切實可行，可見會員制行銷也有傳播學的理論支持。

4.行銷費用相對低廉

通過會員制模式，減少了很多中間流通環節，產品流通成本低，可以把這部份利潤讓給會員，使會員得到真正的優惠。

5.產品研發更貼近市場需求

企業既要立足於市場需求，開發出適銷對路的產品，又希望降低產品上市的風險，怎樣才能一舉多得呢？會員制本身就是一

塊良好的「試驗田」，通過會員進行產品測試和產品試銷，有利於提高產品成功上市的幾率。

6. 通過會員制行銷給客戶以安全感

產品或服務全新上市，諸如化妝品、美容服務，消費者可能會出於安全因素而徘徊觀望。而會員制行銷提供了一個企業全程跟蹤消費者的解決模式，可減少消費者的顧慮而迅速啓動市場。

三、會員制的四大類型

不管什麼類別的會員，商家都希望會員成爲他們的固定客戶，因此會爲會員提供更優惠的價格和更好的服務。根據形式的不同，會員制可分爲以下四種類型：

1. 公司會員制

消費者不以個人名義而以公司名義入會，會員制組織向入會公司收取一定數額的年費。這種會員卡適合入會公司內部僱員使用。在美國，日常消費支出普遍採用支票，很少用現金支付，故時常出現透支現象，所以實際上，公司會員制是入會公司對持卡購買人的一種信用擔保。

公司會員制的會員在購物時一般可享受 10%～20%的購物價格優惠和一些免費服務項目，而非會員消費者購物時不能以個人支票支付，只能用現金結算。

2. 終身會員制

消費者一次性向會員制組織交納一定數額的會費，便成爲終身會員，永遠不需要再續費，可長期享受一定的購物價格優惠和一些特殊的服務項目。

依據國際慣例，高爾夫球場的推廣都採取會員制，其最高級別的會員一般爲終身持卡會員。會員辦理會員卡後，可以終身享受會員待遇，免費打球。一些高爾夫球場的個人終身會員卡爲 6 萬美元，有些地區的更高，已達 12 萬美元。

3.普通會員制

消費者無需交納會費或年費，只需在商店一次性購買足額商品便可申請到會員卡，此後便享受該店 5%～10%的價格優惠和一些免費服務項目。

4.內部信用卡會員制

適用於大型高檔商店。消費者申請會員制組織的信用卡成爲會員後，購物時只需出示信用卡，便可享受分期支付貨款或購物後 15～30 天內現金免息付款的優惠。有的還可以進一步享受店方一定的價款折扣。

四、會員制具有那些特性

在會員制倉儲超市模式上取得優異成績的好事多，在賣場內只爲會員提供最簡單的服務，而在賣場之外，卻設法爲不同的會員提供不同的服務。會員制企業與會員之間究竟是一種什麼關係呢？

1.會員制的普遍特徵

有資格限制。一般來說，各種各樣的會員組織都有自己獨特的服務內容，其服務有一定的共性，往往對會員有一定的要求和限制，同時，實施會員制的公司也能很直接地面對自己的顧客。

自願入會。客戶是否加入會員組織，完全建立在自願的基礎

上，而並非外界強迫所致。

契約性。會員和實施該項制度的公司之間以及會員之間的關係，是建立在一定的平等契約基礎上的。

目的性。會員制組織與會員之間有一定的共同目的，如社交、宣傳、促銷、建立人脈關係等。

結構性關係。會員俱樂部成員之間以及與倶樂部組織者之間往往存在著一種相互滲透、相互支援的關係。他們之間不僅有交易關係，更有夥伴關係、心理關係、情感關係作爲堅實基礎，因而這種行銷體制不是競爭對手可以輕易染指的結構性關係。

2.會員組織對於顧客的功能

據一項調查表明，在執行會員制行銷方案的零售商店，顧客加入成爲會員決不僅僅是爲了贏得消費積分和免費物品，他們更多的是希望被「認可」和受到「特別對待」。

會員加入會員制組織是爲了什麼？也就是說，會員制有什麼樣的功能？

社交功能。會員制不局限於企業與會員的雙向溝通，更鼓勵會員之間的交往，通過經驗交流、聯誼、娛樂、學習等活動方式來實現，會員參加團體活動是爲了建立親密無間的情誼及希望有一個歸屬。

娛樂功能。會員的一項重要活動內容就是從共同的愛好中尋找快樂，充分滿足會員的娛樂心理。

心理功能。成功的會員制組織能夠滿足會員的多重心理需求，如時尚、地位、社交等，讓會員享受到尊重、安全消費、心理滿足等心理需求。

力量功能。力量功能歸屬感是人特有的一種心理需要，個體

只有產生了自己是歸屬於某一組織或團體的感覺時，才能免於孤獨與恐懼，獲得心理上的安全感。一個人一旦成爲某一俱樂部的成員，就可能樹立更強的信心，感到集體力量的強大。

3.會員制對於企業的行銷功能

認識並理解會員制，其前提是認知這種行銷方式的功能，隨著客戶俱樂部的成熟和完善將會具有以下功能：

溝通功能。客戶俱樂部會提供必要的溝通工具、多種溝通形式、充足的溝通場所，以保證企業與會員、會員之間、會員與潛在會員、企業與潛在會員之間溝通順暢。

服務功能。這是最基本的功能之一，客戶俱樂部將能夠根據行業特點面向會員提供基本服務（銷售產品、服務跟蹤）和增值服務（如個性化服務、允許會員自助式服務等）。

促銷功能。這也是最關鍵的功能，因爲客戶俱樂部最根本的目標就是服務於產品（或服務）行銷，因此要區別於非會員的消費優惠和其他超值享受。

凝聚功能。客戶俱樂部能否生存下去，關鍵是看能否吸引會員，因此打造客戶俱樂部的核心凝聚力至關重要。因此，要通過採取必要的激勵措施吸引並留住會員。

第二節　會員制是鞏固忠誠客戶的利器

一、客戶忠誠的四個層次

　　客戶忠誠度指的是客戶滿意後產生的對某種產品品牌或公司的信賴、維護和希望重覆購買的一種心理傾向。通俗地講，如果你總是喜歡穿某個品牌的服裝，或總是到同一個店裏買東西，你就是他們的忠誠顧客了。

　　客戶忠誠通常被定義爲重覆購買同一品牌或產品的行爲，因而忠誠客戶就是重覆購買同一品牌，只考慮這種品牌並且不再進行相關品牌資訊搜索的客戶。

　　只有當客戶同時具備以下五點特質的行爲，他才是你真正的「忠誠客戶」：

- 週期性重覆購買；
- 同時使用多個產品和服務；
- 樂於向其他人推薦企業的產品；
- 對於競爭對手的吸引視而不見；
- 對企業有著良好的信任，能夠在服務中容忍企業的一些偶然失誤。

　　一般來說，客戶忠誠度可以說是客戶與企業關係的緊密程度以及客戶抗拒競爭對手吸引的程度。因此，客戶忠誠根據其程度深淺，可以分爲四個不同的層次：

認知忠誠，指經由產品品質資訊直接形成的，認為該產品優於其他產品而形成的忠誠，這是最低層次的忠誠。

情感忠誠，指在使用產品持續獲得滿意之後形成的對產品的偏愛。

意向忠誠，指客戶十分嚮往再次購買產品，不時有重覆購買的衝動，但是這種衝動還沒有轉化為行動。

行為忠誠，忠誠的意向轉化為實際行動，客戶甚至願意克服阻礙實現購買。

從客戶忠誠各個層次的含義可以看出，基於對產品品質的評價才能打開通向忠誠的大門，因此，如果首先就沒有令人滿意的產品表現，是根本無法形成情感和意向忠誠的。

但前三個層次的忠誠，易受環境因素的影響而產生變化，如當企業的競爭對手採用降低產品（或服務）的價格等促銷手段，以吸引更多的客戶時，一部份客戶會轉向購買競爭對手的產品（或服務），而第四個層次的行為忠誠，則不易受這些環境因素的影響，是真正意義上的忠誠。因此，企業要培育的正是這一層次的客戶忠誠。

二、提高客戶忠誠度所帶來的價值

客戶的價值，不在於他一次購買的金額，而是他一生能帶來的總額，包括他自己以及對親朋好友的影響，這樣累積起來，數目就會相當驚人。因此，企業在經營過程中，除了設法滿足客戶的需求外，更重要的是要維持和提升客戶的忠誠度。

例如，一般情況下，企業的客戶流失率為 20%，平均客戶壽

命爲 5 年。假設每位客戶每年平均在該企業花 1000 元，那麼每個客戶的終身價值爲 5000 元。如果某個忠誠行銷項目使客戶流失率降到 10%，那麼客戶壽命因此延長到了 10 年，客戶的終身價值也就變爲 10000 元。一些信用卡公司就是因爲客戶流失率降低 5%，而利潤上升了 125%。

忠誠客戶是企業發展的推動力，建立顧客忠誠所引起的財務結果的變化令人歎爲觀止，相關數據表明：

- 保持一個老客戶的行銷費用僅僅是吸引一個新客戶的行銷費用的 1/5。
- 向現有客戶銷售的幾率是 50%，而向一個新客戶銷售產品的幾率僅有 15%。
- 客戶忠誠度下降 5%，企業利潤則下降 25%。
- 如果將每年的客戶關係保持率增加 5%，可能使企業利潤增長 85%。
- 企業 60%的新客戶來自現有客戶的推薦。
- 對於許多行業來說，公司的最大成本之一就是吸引新客戶的成本。
- 顧客忠誠度是企業利潤的主要來源。

會員制行銷的價值，就是啓動會員的價值，使會員價值最大化。因此，對於企業而言，擁有忠誠度高的客戶就等於擁有了穩定的收入來源，提高客戶忠誠度可以爲企業帶來以下價值：

1.帶來穩定收入

美國運通公司負責資訊管理的副總裁詹姆斯·范德·普頓指出，忠誠客戶與一般客戶消費額的比例，在零售業來說約爲 16：1，餐飲業是 13：1，航空業是 12：1，旅店業是 5：1。

相對於新客戶而言，忠誠客戶的購買頻率較高，且一般會同時使用同一品牌的多個產品和服務。只要有需求，他們就會選擇企業推出的產品，同時，企業推出新產品，也會刺激客戶產生新需求。這樣可以給企業帶來穩定的收入和利潤，有助於保證企業的長期生存。

2. 維持費用低而收益高

據調查資料顯示，吸引新客戶的成本是保持老客戶的 5～10倍。美國的一項研究表明，要一個老客戶滿意，只需要 19 美元；而要吸引一個新客戶，則要花 119 美元，減少客戶背叛率 5%，可以提高 25%的利潤。

所以，假如企業一週內流失了 100 個客戶，同時又獲得 100個客戶，雖然從銷售額來看仍然令人滿意，但這樣的企業是按「漏桶」原理經營業務的。實際情況是，爭取 100 個新客戶已經比保留 100 個忠誠客戶花費了更多的費用，而且新客戶的獲利性也往往低於忠誠客戶。據統計分析，新客戶的贏利能力與忠誠客戶相差 15 倍。

同時，因為老客戶的重覆購買可以縮短產品的購買週期，拓寬產品的銷售管道，控制銷售費用，從而降低企業成本。與老客戶保持穩定的關係，使客戶產生重覆購買過程，有利於企業制定長期規劃，設計和建立滿足客戶需要的工作方式，從而也降低了成本。

3. 不斷帶來新客戶

忠誠客戶對企業的產品或服務擁有較高的滿意度和忠誠度，因此會為自己的選擇而感到欣喜和自豪。由此，也能自覺或不自覺地向親朋好友誇耀、推薦所購買的產品及得到的服務。這

樣，老客戶因口碑和親友推薦就會派生出許許多多的新客戶，給企業帶來大量的無本生意。

忠誠客戶能給企業帶來源源不斷的新客戶：一個忠誠的老客戶可以影響 25 個消費者，誘發 8 個潛在客戶產生購買動機，其中至少有一個人產生購買行為。

4.宣傳企業形象

有調查顯示，一個不滿意的客戶至少要向另外 11 個人訴說；一個高度滿意的客戶至少要向週圍 5 個人推薦。

隨著市場競爭的加劇、資訊技術的發展，廣告資訊轟炸式地滿天飛，其信任度直線下降。除了傳統媒體廣告以外，又加上了網路廣告，人們面對這些眼花繚亂的廣告難辨真假，在做出購買決策的時候更加重視親朋好友的推薦，於是，忠誠客戶的口碑對於企業形象的樹立起到了不可估量的作用。

5.帶來更多商業機會

在企業擁有的忠誠客戶當中，可能有部份客戶是具有豐富的資源和極大的影響力的，如果能與他們保持良好的關係，在互動的交往中無疑會給企業帶來眾多的商機。

企業之間的競爭不可避免，但是忠誠度高的客戶，不僅不受競爭對手的誘惑，還會主動抵制競爭對手侵蝕。忠誠客戶對企業的其他相關產品，甚至新產品都比新客戶容易接受。例如，有些客戶認為 IBM 和蘋果公司的產品雖然存在一些問題，但在服務和可靠性方面無與倫比，因而忠誠客戶能耐心等待公司對不理想產品的改進及新產品的推出。

另外，對於企業產品和服務方面存在的問題，忠誠會員可以容忍，並且給企業改正錯誤的機會，這同樣是會員為企業帶來的

價值。在兩家企業都出現產品和服務方面的同樣問題時，如果 A 企業的總體客戶容忍度比 B 企業強的話，那麼 A 企業顯然要比 B 企業有競爭優勢，這種優勢的價值就來自會員容忍強度。

三、會員制對培養客戶忠誠的影響

成功品牌的利潤，有 80%來自於 20%的忠誠客戶，而其他的 80%，只創造了 20%的利潤。忠誠度不僅可以帶來巨額利潤，而且還可以降低行銷成本，爭取一個新客戶比維持一個老客戶要多花去 20 倍的成本。

由於競爭激烈，獲得新客戶的成本變得愈加高昂，因此，如何留住老客戶，促進客戶資產的最大化就成為企業的基本戰略目標，有針對性地進行客戶維護可以大大提升客戶的忠誠度和購買率，促進企業利潤的提升。

在 2002 年度 H 市百貨零售業的排名中，A 百貨公司以超過 9 億元的年銷售額名列前茅。據統計，在這 9 億元的銷售額中，竟然有高達 61%是由 VIP 會員創造的。可以說，是忠誠的客戶為他贏得了利潤的高速增長。

會員行銷在商家拓展市場的實戰中已突顯出了特殊的優勢，它在構建企業形象、培養消費品牌的忠誠度、提高市場佔有率、間接幫助銷售、增強企業的競爭力上不失為一把利器。事實證明，會員制行銷可以使企業的銷售額提高 6%～80%，會員制行銷是企業開發和維護忠誠客戶行之有效的方式。

作為忠誠計劃的一種相對高級的形式，會員俱樂部首先是一個「客戶關懷和客戶活動中心」，而且需要朝著「客戶價值創造中

心」轉化。而客戶價值的創造，則反過來使客戶對企業的忠誠度
更高。

1.滿足會員歸屬感的需要

馬斯洛的需要層次論指出，人除了生存和安全的需要外，還
有社交、受尊重和自我實現的需要。假如一個人沒有可歸屬的群
體，他就會覺得沒有依靠、孤立、渺小、不快樂。人們總是希望
和週圍的人友好相處，得到信任和友愛，並渴望成爲群體中的一
員，這就是愛與歸屬感的需要。

會員制的建立正是爲了滿足人們的這種需要，會員制強調金
錢和物質並不是刺激會員的唯一動力，人與人之間的友情、安全
感、歸屬感等社會的和心理的慾望的滿足，也是非常重要的因素。
會員制俱樂部建立通暢的會員溝通管道並保持經常性的溝通，不
斷強化會員的歸屬感，讓每一位會員都感到備受尊崇。

「物以類聚，人以群分」。會員制俱樂部將有共同志趣的會
員組織起來，通過定期或不定期的溝通活動，使企業和會員、會
員與會員之間達成認識上的一致、感情上的溝通、行爲上的理解，
並長久堅持，最終結果就是發展爲深厚的友誼。如此一來，會員
對企業的忠誠也是必然的結果。

2.為會員提供價格上的優惠

幾乎每一個實行會員制的企業都會爲會員設置一套利益計
劃，例如折扣、積分、優惠券、聯合折扣優惠等。俱樂部通過辦
理會員卡，給予會員特定的折扣或價格優惠，進而建立比較穩定
的長期銷售與服務體系。

雖然越來越多的企業案例顯示，價格在培養客戶忠誠方面的
作用正在日益下降，因爲只是單純價格折扣的吸引，客戶易於受

到競爭者類似促銷方式的影響而轉移購買。

人們在作購買決定時，價格因素是否已經不重要了呢？毫無疑問，當然重要。

因此，會員制應該如何有效地利用價格策略，在保持會員穩定的前提下盡可能減少價格優惠對收入的負面影響，是企業需要慎重考慮的問題。

3.為會員提供特殊的服務

在市場競爭日益激烈的情況下，要想使企業的產品明顯地超過競爭對手，已經很難做到。從長遠以及世界上很多出色公司的成功經驗來看，只有通過創造優質的服務使顧客滿意，才能增加市場佔有率。

服務策略可以培養客戶的方便忠誠和信賴忠誠，優質的服務使客戶從不信任到信任，從方便忠誠到信賴忠誠。例如，為每一位會員建立一套個性化服務的問題解決方案，或者定期、不定期地組織會員舉辦不同主題的活動等，這些特殊的服務可以有效增進企業與會員、會員與會員之間的交流，加深他們的友誼。

第三節　會員制能創造雙贏之道

會員制的實施可謂是雙贏的選擇，對於客戶而言，不但可以讓客戶享受比其他消費者更為優惠的低價，而且在服務方面更能得到特別對待；對於企業來說，會員制可以擁有固定客戶群體，讓會員得到更多的實惠，增加持續的消費，得到更多的忠實客戶。

事實證明，會員製作爲成功的行銷模式，不但可以建立長期穩定的客戶群、加強雙方之間的溝通，還可以提高企業新產品開發能力和服務能力、增加企業的會費收入，更重要的是會員制可以提升客戶對企業的忠誠度，爲企業創造長期穩定的客戶資源。

1.建立長期穩定的客戶群

會員制行銷要求企業著眼於提升會員與企業之間的關係，它與簡單的打折促銷的根本區別在於，會員制雖然也會賦予會員額外利益，如折扣、禮品、活動等，但不同的是，會員一般都具有共同興趣或消費經歷，而且他們不僅經常與企業溝通，還與其他會員進行交流和體驗。

山姆會員店是沃爾瑪百貨公司經營的一大特色，是其奪取市場、戰勝西爾斯的一大法寶。實行會員制給沃爾瑪帶來了許多利益，如：

通過會員制，沃爾瑪以組織約束的形式，把大批不穩定的消費者變成穩定的客戶，從而大大提高了沃爾瑪的營業額和市場佔有率。

通過會員制，成為會員的消費者會長期在山姆會員店購物，這樣很容易產生購買習慣，從而培養起消費者對沃爾瑪這一零售商品牌的忠誠感。

會費雖相對個人是一筆小數目，但對於會員眾多的山姆店來說，卻是一筆相當可觀的收入，它往往比銷售的純利潤還多。

久而久之，會員會對企業產生參與感與歸屬感，進而發展爲長期穩定的消費群體，而這是普通打折促銷無法達成的。

萬全建設公司的「萬全會」是一個很成功的會員制組織，他們的一個樓盤是分幾期進行開發的，這個樓盤第二期的客戶有

40%是由以往第一期客戶繼續購買或介紹別人而來，而第三期的客戶有 70%是由前兩期的客戶繼續購買或介紹別人而來，可以說，老客戶保證了它們的銷售成績。

2.互動交流，改進產品

會員制行銷以客戶為中心，會員數據庫中存儲了會員的相關數據資料，企業通過與會員互動式的溝通和交流，可以發掘出客戶的意見和建議，根據客戶的要求改進設計，根據會員的需求提供特定的產品和服務，具有很強的針對性和時效性，可以極大地滿足客戶需求。

會員是在使用產品和接受服務的過程之中進行感受和體驗的。產品的什麼地方設計得不方便，什麼地方應當改進，客戶是最有發言權的。通過互動式的溝通和交流，可以發掘出客戶的意見和建議，有效地幫助企業改進設計、完善產品。同時，借助會員數據庫可以對目前銷售的產品滿意度和購買情況做分析調查，及時發現問題、解決問題，確保客戶滿意，從而建立客戶的忠誠度。

3.提升客戶的忠誠度

當客戶成為企業的會員後，無論在商品交易價格或者某項特色服務上，都享有比普通消費者更高一層的服務待遇，而這個強烈對比，無形中刺激了相當一部份顧客的加入，由此也促進了銷售的實際增長，當然成為會員的這部份顧客群也產生了自有的優越感，在日常的人際交流中又會成為商場的免費宣傳視窗，從而提高會員的數量。

這種由客戶以口碑推薦所帶來的銷售也叫做鏈式銷售，由會員進行鏈式銷售可以為企業建立和維護大量長久穩定的基本客

戶，獲得穩固忠實的客戶群。

4.提高新產品開發能力和服務能力

企業開展會員制行銷，可以從與顧客的交互過程中瞭解客戶需求，甚至由客戶直接提出要求，因此很容易確定客戶要求的特徵、功能、應用、特點和收益。在許多工業產品市場中，最成功的新產品往往是由那些與企業聯繫密切的客戶提出的。

而對於現有產品，通過會員制行銷容易獲得客戶對產品的評價和意見，從而準確決定改進產品和換代產品的主要特徵。

5.可觀的會費收入

會員俱樂部一般要求客戶入會時交納一定額度的入會費用。入會費相對個人雖是一筆小數目，但對於企業來說卻因為積少成多而成為一筆相當可觀的收入。會費收入一方面增加了企業的收益，一方面又可以吸引會員長期穩定地消費。

沃爾瑪山姆會員店的會員主卡為 150 元/年。1995 年，山姆會員店還未正式開業就招募到 20000 名會員，單會員卡銷售這一項就為山姆會員店帶來了 300 萬元的收益。

🔊))) 第四節　會員制適用於任何企業與店鋪

會員制行銷(associate programs)早已不是什麼新鮮話題。在美國，從理論到實踐都已經比較完善，並被認為是有效的網路行銷方式，現在實施會員制計劃的企業數量眾多，幾乎已經覆蓋了所有行業。

　　會員制是商家們為吸引消費者、促進銷售而推出的一種優惠制度。會員卡分佈的範圍很廣，大到高爾夫、網球、健身俱樂部、美容美髮中心、大型百貨商場，小到洗衣房、洗澡堂、洗車行、擦鞋店。會員卡的價值也有所不同，從幾十元到幾萬元不等。

　　週六，王小姐家附近新開了一家乾洗店，只需要預存 1000元，就能成為會員享受 9 折優惠；要是預存 2000 元，就能成為會員享受 8.5 折優惠，還可以免費享受上門取送衣物的服務。而且預存的金額是可以馬上消費的。

　　而她樓下的 TD 擦鞋店，只要每年交納 500 元的會費，就可以成為 TD 擦鞋店的會員，成為會員後就可享受全年免費擦鞋的優惠。

　　王小姐不會放過任何成為會員的機會，她同時還成為了小區裏的超市、書店、餐館、美容院的會員，這些會員制商店已經成為王小姐生活中不可或缺的一部份，因為她覺得真的很優惠，而且很方便了。

　　不同的會員制對會員實行優惠的方式也不同，有的是消費者預先交納一筆錢，購買一張價值不等的「會員卡」，便可在以後的消費中享受不同程度的折扣優惠，每次消費的費用則在「會員卡」的預付金額中扣除。有的會員卡在辦理時只交納一點手續費，在以後的消費中或者累計積分返利，或者給予一定折扣。

　　許多人樂意當會員是因為會員制消費確實給消費者帶來了一些優惠。林小姐是一家美容美體健康高級俱樂部的會員，每年交納 1.6 萬元的費用後，臉部、身體、手部、足部護理費用可以打 5 折，購買相關產品打 8 折，每次消費時不必再交費，只需從會員卡中扣除。

業內專家表示，會員制消費有助於商家吸引、培養一批相對固定的客戶群，同時也能讓消費者得到實惠，這是一種比以前的「一錘子」消費方式更先進的買賣關係。

從理論上講，會員制行銷可以應用於各種行業，但對於有些行業可能效果會更明顯，例如，經常需要重覆消費的餐飲、美容、網吧等服務行業；一些購買頻率高、需要穩定客戶忠誠度的領域，如零售業、服裝服飾業等。消費者購買產品後需要更多後續增值服務的行業，例如，汽車、電腦行業等。有些商家通過賣產品得到的利潤不多，但通過提供這些後續服務往往能夠獲得更大的利益。而對於一些使用時間長又不需要太多服務支援的行業，採用會員制的意義就不大。

1. 適用行業特徵

對於具備以下幾個特點的行業，實施會員制行銷，更會收到較好的效果：

- 產品/服務具有社會性。產品/服務最好是消費品，尤其是針對某一類特定人群的消費品。

- 產品/服務具有重覆消費的可能。俱樂部是為了長期留住客戶而設，因此更適用於消費者長期重覆消費的產品。但是，也有特例，諸如房地產行業，多為一次性消費，俱樂部行銷具有很強的階段性。

- 產品/服務需要深度服務。消費者的第一次消費往往是剛剛開始，而不是終止，這樣的產品更適合採取俱樂部行銷。這也是減肥產品為什麼熱衷於會員制行銷的原因，因為減肥不是一朝一夕的事情，需要有一個週期，更需要細緻而週到的服務。

‧目標消費群體容易鎖定，並且數量在服務能力之內。目標
能夠鎖定，方可保證實效；不能爲了提升銷量或擴大會員
制規模而忽略服務質量，要追求一個最佳的量值。

2. 適用行業

在滿足上述幾個條件的基礎上，以下幾個行業，都適宜採用
會員制行銷：

‧日用消費品行業：以白酒、茶葉等產品爲代表。

‧化妝品、保健品等消費品行業：如減肥俱樂部、女性生態
美俱樂部等。

‧休閒、健身、娛樂、零售等服務性企業：如健身俱樂部、
會員制超市、美容美髮沙龍等。

‧房地產行業（包括旅遊房地產）：如「新地會」、「萬客會」
等。

‧汽車行業：這種行銷模式在汽車行業潛力無限，如一些汽
車 4S 專營店開辦的汽車行銷俱樂部、車友俱樂部等。

‧報刊傳媒行業：如讀者俱樂部、廣告客戶俱樂部、企業家
沙龍等。

事實上，會員制的流行是商業高度發展和市場細分的結果。
目前，很多商場、超市、酒樓、賓館等大多實行會員制，一些家
電賣場也開始試行會員制，並越來越重視會員制行銷在賣場行銷
中的作用。業內人士認爲，會員制低廉的價格、完善的售後服務、
產品結構的差異化及先進的銷售模式，將讓單純以「價格戰」吸
引消費者眼球的低層次競爭難有立足之地。

事實上，在會員中定期或不定期地舉行一系列有意義而且有
吸引力的活動取得的效果，遠遠超過了採用打折的單一手段來吸

引客戶的促銷方式。通過形式多樣的會員活動，能夠將會員變成永久客戶，這樣創造的商機和利潤將是很大的。因此，會員制自身所具備的優勢，成爲了眾多行業紛紛涉足的主要原因。

會員制是經過長期市場檢驗的行之有效的競爭手段，可廣泛地應用在商業、傳媒與通信終端等領域，企業應根據不同的行業性質設計不同的會員行銷方式。另外，隨著零售市場的不斷成熟和消費者觀念的不斷改變，會員制的較量實際上是服務戰的升級和深化。

📢))) 第五節　會員制的戰略錯誤

會員制是企業產品行銷的一個通路，既然是通路，就涉及寬度與深度建設，需要精耕細作。會員制行銷在操作過程中，如果企業急功近利或只停留在表面做文章，往往容易踏入以下誤區：

1.門檻設置過高

這要求企業有戰略眼光，考慮好是賺眼前的錢和還是賺長遠的錢。門檻設置過高會使客戶望而卻步，因此限制了企業發展。

會員制門檻設置過高可能包括幾種情況：最低產品（或服務）消費額度過高、直接收取高額會費、對會員的個人資歷要求過高等方面，這樣很可能導致目標人群還未入會體驗便被「嚇跑」。

2.不能根據產品（或服務）特性合理定位目標群體

根據產品或服務合理描述會員特徵，更據此徵集會員，否則將增加無效客戶數量和增加會員制的運營成本，因此準確定位客

戶是會員制行銷實效化的基礎和前提。

說到哈根達斯，那就一個字：貴！但是，哈根達斯做成了頂級冰淇淋品牌，做得深入人心，甚至成為某種生活標誌：想強調品味的人，那一個不知道它的大名？有那一對戀人不嚮往品嚐？

高端的消費階層固然是它的忠實顧客；中低端的消費者也被它所吸引，一旦有了閒錢，也會奢侈一把。哈根達斯就是根據自己產品的特性將高檔消費群體作為自己的目標消費群，成功塑造自己浪漫、高貴、見證愛情的形象。

3.忽略廣告傳播

很多企業在推廣會員制行銷的過程中通常會忽略廣告傳播，從而導致會員制知名度不高。其實，在組織機構中有必要成立一個會員推廣部或企劃部，進行會員制推廣策劃，如果這個會員制具有一定的規模和資金能力支撐的話。

哈根達斯的高檔消費定位使得其目標消費群體要小得多，所以哈根達斯從不大張旗鼓地做電視廣告，因為電視的覆蓋面太廣、太散，對於哈根達斯來說，沒必要。大部份都選擇做平面廣告，而且是在某些特定媒體上發佈大幅面的廣告。這樣既節省了廣告費，又增強了廣告效果，鎖定那些金字塔尖消費者。

4.客戶服務停留於表面，缺乏實質內容和深度

開展會員制行銷絕對不是一種形式，而是需要為會員提供一種深度服務，這種深度服務可能是「一對一」和人性化的，甚至是個性化的。因此，會員制行銷應以客戶滿意為目標，甚至以客戶全程滿意為目標。

哈根達斯為了留住消費者，採取了會員制，一位顧客消費累積 500 元，就可以填寫一張表格，成為他們的會員。

哈根達斯細心呵護每一位重點會員，針對這些品牌忠誠度極高的消費者開展各種會員活動，包括定期郵寄直郵廣告，自辦《酷》雜誌來推銷新產品；不定期舉辦核心消費群體的時尚 PARTY，聽取他們對產品的意見；針對不同的消費季節、會員的消費額和特定的產品發放折扣券等。

5.會員制能夠善始不能善終

這是很多採取會員制行銷的企業所犯的最大錯誤，導致這種錯誤出現的原因很多，諸如產品在區域市場下市、會員制行銷流於形式而與消費者做「一錘子買賣」、企業的生產或銷售缺乏連續性等。其實，會員制「倒掉」和企業「關閉」一樣，會給客戶留下負面影響。

🔊)) 第六節　會員制的戰術錯誤

Forreater 研究中心發表的一份報告(新會員行銷模型)指出，目前會員的銷售額佔網上零售總額的比例在持續增長。會員制行銷已經形成網上行銷戰略的主流，難怪許多公司緊鑼密鼓地將會員制納入行銷計劃之中。

表面來看，這個概念非常簡單：網站管理員加入你的會員計劃；流覽者訪問你的會員的網站；流覽者點擊你的標誌廣告並在你的網站購物；你只要付給會員銷售佣金。

但是實際上會員制計劃比簡單的成功流程圖複雜得多，建立並運作一個會員制計劃有許多特殊的學問，會員制計劃的成功與

失敗往往取決於對這種特殊學問的掌握和運用。本來可以成功的計劃，可能因爲實施過程中的失誤導致失敗的結局。

在實施會員制計劃中，要防止下列 7 種致命的執行錯誤：

1. 沒有會員經理

電子商務創造了非常成功的會員制計劃。會員制計劃明確地制訂了會員的工作方式、爲會員提供行銷和銷售工具並提供多種圖表和基本操作模型程序。電子商務成功的關鍵已不僅僅局限於線上生意的基本範圍，甚至提供對新會員一對一的電話幫助和指導，所以，一個成功實施會員制計劃的企業不能沒有會員經理。

許多公司在實施會員制計劃的初期就像自助管理的金礦一樣，而實際情況是必須有人參與管理會員計劃的日常運作，管理人員還需負責顧客服務問題，否則，該計劃從一開始就註定要遭到失敗。

2. 對常見問題沒有作出相應解答

即使網站設有 FAQ 欄目，但對開展會員計劃仍然不夠。因爲 FAQ 雖然可以完全包括網站有關的問題，但會員計劃中仍然會有許多問題，例如總會有人問：加入會員制計劃要付費嗎？如何加入？怎樣鏈結到你的網站？什麼時候可以獲得佣金？

如果你不知道什麼人會有疑問，可以請一些朋友和僱員模擬參與你的計劃。讓他們每人提出兩三個問題，將這些問題的解答設計爲 FAQ。隨著業務的開展，會不斷有會員詢問新的問題，你可以將這些陸續發現的問題也逐步增加到 FAQ 中去。

3. 沒有保護個人隱私聲明和協議

多長時間付給會員佣金？給多少佣金？會員會因爲違反那些條款被扣除佣金嗎？把所有細節問題以契約或協議形式羅列出

來，不僅會增加可信性，而且可以避免潛在的法律糾紛。

如果你現在還沒有保護個人隱私聲明，可以參考其他公司的相關資料並做必要的修改，你也可以利用一些免費程序如「TRUSTe保護個人隱私聲明高手」輕易地創建一個適合自己的聲明。

4.沒有為會員投入

如果佣金較低，可能對開展業務非常不利，但究竟多少才算足夠？這個問題很難有確切的答案，這也取決於你支付佣金的方式，到底是按每次購買付給平均數額，還是按銷售額的百分比，或者按每次點擊付費。

對於低利潤高價值的行業，理應付給較低比例的佣金，但對很多行業來說，如果佣金低於總銷售額的 5%是無法接受的。平均酬金和每次點擊付費模式完全取決於產品和成本狀況。爲確定最合適的佣金水準，可以研究一下競爭對手付給會員佣金的情況，並提供適當高過競爭對手的佣金。

當然，你不會爲了實行會員制計劃而放棄自己全部的利潤，但是，如果提供的佣金太低，就沒有人會成爲你的會員。相反，少量增加佣金更有助於以更快的速度開展你的會員制計劃。

5.推廣會員制計劃不力

無論你是否相信，的確有爲數不少的公司雖然實行會員制計劃，但並沒有從主頁鏈結到會員制計劃。如果想讓別人加入到推廣你的產品或服務的行列，必須能夠讓人找到你的會員制計劃。雖然部份人可以從企業名錄上得到一些資訊，但要成功經營一個會員制企業僅僅依靠這種方法是遠遠不夠的。

除了在主頁顯著位置設置鏈結外，還有必要採取多方面的推廣，可以在 E-mail 的簽名檔上也列出會員制計劃，如果發送新聞

郵件，也不要忘記宣傳的機會，甚至可以在發票上也留下相關資訊。

6.沒有統計報告

你是否給會員提供線上銷售統計資料？如果你沒有提供而你的競爭者可以提供，你會因此而失去會員，希望你不要冒這個險。

如果你利用的是第三方提供的會員制解決方案，那麼線上統計報告也是由第三方給定的，有些項目可能無法自己決定，但是至少應該保證為會員提供關於支付週期、銷售額、報酬、應付餘額等分類項目。

7.沒有線上申請

如果你利用的是同線上報告一樣由第三方提供的會員制解決方案，也需要為會員提供線上申請，否則，會有部份對傳送個人資訊敏感的潛在會員因此而猶豫不決甚至放棄。為了確保吸引預期的潛在會員，必須有安全傳送個人資訊的保證措施。請注意，不要因此而失去潛在的銷售人員！

會員制在最近幾年仍將保持高速發展勢頭。會員制的成效在過去的幾個月裏已經被像Be Free這樣的主流企業（該公司成功地提供第三方會員制解決方案）所證實，就連 AOL 網站最終也開始實行會員制計劃。

🔊))) 第七節 （企業案例）川崎會員俱樂部

　　川崎摩托車自 1974 年進入英國市場後，在英國市場上一直都很成功。這不僅是因爲它提供了很多類型的摩托車，而且還提供了其他一些產品，如適合所有地形及用途的交通工具、空中噴灑器及動力產品。作爲川崎英國公司行銷組合的一部份，公司決定成立一支隊伍去參加英國公路公開賽，這個隊伍直接由公司總部來控制。在 20 世紀 80 年代至 90 年代，川崎英國公司取得了不同的成績，而它的頂點是在 1992 年贏得國內公路公開賽的控制權。

　　在那時，川崎英國公司正面臨它從未遇到過的進退兩難的境地：它要從這裏走向何方？摩托車市場正在縮小，客戶的情況也在變化。定期跟蹤研究的結果清楚地表明，摩托車的使用已經發生了急劇的變化，已經從一種交通工具變成一種休閒產品。而且，當它開發產品時，它的競爭對手們也沒有落下。每個型號的產品的生命週期都已縮短。從某種程度上說，所有日本的品牌一直生產風格、性格和價格都極爲相似的產品。

　　早些時候，川崎公司決定達到、追求並維持在經銷商和統籌終端用戶心目中的獨特地位。當時，差異化這個詞對摩托車行業來說還是一個嶄新的詞，但後來證明，「差異化」將成爲公司行銷活動的基礎。在研究過所有的可行方案之後，川崎英國公司最後決定從賽車中退出，並在客戶會員俱樂部上投入相同的資金。公

司堅信，在提高品牌忠誠度的同時，作用強大的川崎駕駛者會員俱樂部（KRC）也將成爲公司大型特許經營的經銷商網路的促銷工具。這一決定經過川崎公司每年的定量分析後，把重點關注在以下關鍵領域：

- 客戶替代產品的週期從二年延長到四年；
- 每年平均行駛里程從 12000 英里降到 6000 英里；
- 沒有品牌忠誠；
- 同質的產品；
- 衰退的市場。

面對同質產品及正在變化的客戶狀況，公司決定要成立一個能使公司具有競爭優勢的客戶俱樂部。由於客戶俱樂部將是公司行銷傳播組合中的重要部份，川崎英國公司必須做到俱樂部的概念確實正確，或是財務及人力資源在其他領域被最好地使用。爲做到這一點，需要回答以下一些基本問題。如果對這些問題的回答令人滿意，那公司將執行這一計劃。

- 這一戰略是否爲公司的短期和長期財務目標做出貢獻？
- 這一戰略是否與川崎英國公司的社會責任一致？
- 這一戰略是否與川崎英國公司其他的目標相結合，或者它指出了一個新的方向？
- 這一戰略中的風險因素是否高於其潛在的回報？
- 如果競爭對手做出反應，這一戰略仍會成功嗎？
- 這一戰略是否包含控制機制？如何將它們用於未來的決策中？
- 其他人是否會更喜歡這一戰略？是將這筆資金用於短期的促銷、直郵還是推銷活動？

· 這一新的戰略是否具有靈活性和改變的能力？

在制定出會員俱樂部要滿足的標準之後，川崎英國公司想要貫徹這一概念。

川崎為新會員俱樂部制定的目標如下：

· 通過為川崎品牌增加價值來提供差異；

· 為客戶駕駛川崎摩托、增加行駛里程和縮短置換週期找一個理由；

· 通過會員俱樂部的雜誌，開闢一個與客戶直接溝通的管道；

· 增加客戶對諸如與摩托車相關的產品、財務和保險等非摩托車產品和服務的認識；

· 提升為各種活動創建地區性小組的能力，並培養川崎駕駛者之間的友愛之情；

· 在經銷商網路及地區性小組間形成堅實的聯繫，以便樹立起客戶忠誠度，從而增加經銷商在服裝、零配件及服務上的營業額。

有了上述目標，川崎英國公司制定了川崎駕駛者會員俱樂部的構成。客戶從授權的經銷商那裏購買一輛新的摩托車將會免費得到第一年的會員資格。現有客戶花 80 英鎊就可以成為會員。

從加入俱樂部開始，會員可以得到下面這些利益：

· 全歐洲範圍的故障修理服務；

· 定期的會員俱樂部雜誌《Good Time》；

· 提供會員俱樂部活動資訊及一般的川崎機車問詢熱線；

· 場地賽車日，會員們可以提高他們的駕車技術；

· 在主要的摩托車賽事及公路賽上舉辦的俱樂部集會；

· 駕車在國內外旅行：

- 由各地的 KRC 舉辦的地區性會議及活動；
- 對附件、商品以及活動和保險給予折扣；
- 集會；
- 旅行服務，重點在跨管道的交通；
- 成爲英國摩托車聯合會的會員。

川崎英國公司還決定，KRC 主要由公司內部進行管理，所以它會由前英國摩托車賽的冠軍和英國廣播公司的體育名人羅傑·伯內特及其充滿活力的團隊來管理。由於投資額巨大，正確地評估利益是非常重要的。在 1993 年的經銷商會議上，川崎英國公司向熱心的經銷商宣佈了 KRC 的成立。

心得欄 ----------------------------------

第 **2** 章

客戶會配合的會員制規劃方式

🔊))) 第一節　企業採用會員制的目標

在我們的日常生活中，客戶忠誠計劃可以說無處不在：飯店有貴賓卡，刷信用卡消費有各個銀行的積分，買房有客戶俱樂部，買車有各個廠家組織的車友俱樂部，出差有各個航空公司的常旅客俱樂部，住宿有企業協議酒店，買書有書友會，超市有會員卡，上網有網友俱樂部，等等。

不管客戶忠誠計劃採用的是積分制、俱樂部會員制，還是長期優惠的使用協定，其最終目的都是為了提升企業的效益和利潤，增加市場佔有率，從而使企業得以持續發展。

希爾頓酒店集團是最早啟用「酒店 VIP 俱樂部」計劃的酒店之一。據統計，希爾頓酒店集團 10%～15%的入住率往往就是 VIP 會員所帶來的，並且在餐飲和娛樂方面的收益尤為明顯。

　　唐先生是香港商人，他一直是希爾頓酒店的忠實會員。在談到為何不選擇其他酒店時，他說：「每次我去曼谷出差，他們總是把我安排在同一間客房裏，服務人員都認識我，瞭解我的愛好，房間裏的設施都是我喜愛而且習慣了的，我就像在家裏一樣自由自在。雖然別的酒店也有很多促銷計劃，但是我實在割捨不下希爾頓給我的這種感覺。」

　　但為了達到這個長期目標，我們還需要達成很多短期和中期的目標，只有先達成這些短期和中期目標，才有可能實現長期目標。制定清晰、明確的目標有助於會員制行銷沿著正確的方向前進。

一、會員制行銷的主要目標

　　企業推動「會員制」行銷手法，它的核心目標就是「增加企業收入、利潤、市場佔有率」。

　　「會員制」行銷的主要目標，如下：

　　1.實行會員制行銷的主要目標就是留住客戶，與客戶建立長期穩定的關係，使他們轉變為忠誠客戶。企業發起的會員制所提供的特定產品或服務可以滿足這些長期忠誠客戶一生的需要。

　　2.會員制行銷的第二個主要目標是吸引新的客戶。首先，會員制利益本身的價值會吸引其他消費者加入會員制。其次，對會員制滿意的會員會為會員俱樂部做口碑宣傳，從而吸引新的客戶加入。

　　3.會員制行銷的第三個主要目標是建立強大的客戶數據庫。一個維護良好、可以持續記載最新資訊的數據庫是企業最強

有力的行銷工具，可以被廣泛應用於各種行銷活動中。因為只有在客戶成為會員時，他所提供的個人基本資料（如姓名、年齡、住址等）以及購買行為（如喜愛的品牌、購買頻率、購買數量等）才是最真實可靠的。

圖 2-1-1　會員制行銷的目標

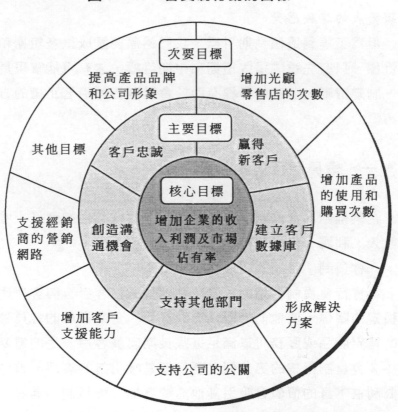

4.可以改善產品。這些詳細的客戶數據庫資料正好可以支援企業的其他部門，使研發部、產品行銷部、市場調研部等部門可以針對會員客戶的具體情況，進行進一步的溝通，以獲得更加寶

貴的資訊和意見。與會員的溝通能幫助相關部門找出現有產品存在的問題、可能被改進的領域以及他們對新產品的想法等許多其他問題。

5.第五個主要目標就是創造與會員溝通的機會，以加強與會員間的接觸。與借助廣告或郵件等大眾溝通方式相比，會員組織與會員之間的頻繁接觸可以形成更直接的、更個性化的溝通，這有助於會員對會員組織產生歸屬感。

二、會員制行銷的次要目標

除了以上主要目標之外，會員制行銷還有以下次要目標：

- 通過會員制計劃及其活動的積極作用，提高產品品牌和公司形象；
- 通過特別的促銷、銷售或其他活動，將客戶吸引到零售網點，從而增加光顧零售店的次數；
- 通過讓客戶將產品銘記在心來增加產品的使用和購買次數；
- 針對客戶的問題，形成解決問題的方案；
- 通過在媒體上報導會員制組織的活動來支援公司的公關活動；
- 增加客戶支援能力；
- 通過協助當地的廣告活動以及舉辦特別的展示會，來支持經銷商的行銷網路；
- 其他特殊的目標。

由於企業所在的行業以及自身情況的差異，企業實行會員制

行銷的目標和重要性可能會有所不同，但在大多數情況下，它們與產品狀況、產品線及公司狀況有著直接的關係。例如，一個新的購物網站的主要目標是贏得新的客戶並增加其知名度，而對於一個成立已久的零售連鎖超市而言，它的主要目標是提高客戶的忠誠度。

　　某企業忠誠度計劃的目標是進一步維繫客戶，那麼最佳的策略就是通過客戶統一視圖建立完善的客戶數據庫，從而使企業瞭解以下問題的答案：

　　誰才是企業忠誠度計劃的關鍵客戶？需要挽留那些客戶？這些客戶需要什麼樣的價值？企業能夠給這些客戶帶來什麼樣的價值才能提升其忠誠度？企業能夠通過什麼方式來傾聽並瞭解客戶的反饋？企業是否建立了相應的滿意度模型及滿意度指數？企業是否進行全面的客戶滿意度調查？

🔊))) 第二節　「放長線釣大魚」的會員制

　　建立和推行客戶會員制是企業的一項龐大的系統工程，是一項長期、細緻、與眾多會員密切相關的工作。它不是簡單地喊幾句口號、上一套硬體和軟體系統那麼簡單，成功的會員制行銷需要結合企業實際情況進行系統的規劃和準備，並在提供針對性服務的同時帶給客戶特定的價值，建立企業和客戶之間恒久的基於感情的信任關係。

　　在德國，有一位教授是「奧迪」汽車的忠誠會員，和他熟識

的一位「奧迪」經銷商會定期給他打電話，提醒他車子要年檢，
或是要加機油。一年當中，他及他妻子生日那兩天都會收到這位
經理送來的鮮花和新產品資料。

　　這樣的關係已維持很多年，兩者之間不像是常見的買賣關
係，更像是兩個朋友間的交往。「奧迪」這種人性化的服務為企業
招攬了眾多的忠誠客戶。

　　有業內人士形象地比喻說，會員制是企業「放長線釣大魚」
的一項運動。因為企業不約而同地成立這個「會」那個「會」，就
是旨在爭奪、維護和挖掘客戶價值，從其長期經營的角度看，所
謂的「會」，其實是企業的品牌經營，是在建立和維繫客戶與企業
的情感，從而形成企業的美譽度和客戶對企業的忠誠度。

1.會員制是企業戰略的重要組成部份

　　事實上，會員制行銷是企業戰略行銷的一個重要組成部份，
它以某項利益或服務為主題將人們組成一個俱樂部或團體，與其
保持系統、持續、週期性的溝通，廣泛開展宣傳、銷售、促銷等
全面綜合的行銷活動。它克服了買賣雙方之間資訊閉塞的弊端，
鎖定了相當數量忠實的顧客群，成為商家拓展市場的角力砝碼。

2.會員制必須與行銷戰略和品牌管理結合起來

　　從 20 世紀 80 年代起，以提高顧客忠誠度為目標的各種積分
計劃、俱樂部行銷等，從航空公司、酒店等行業，迅速普及到了
電信、金融、零售等各行各業，現在已經發展為跨行業、跨國家、
線上線下聯合的趨勢。

　　自從有了會員制度、積分獎勵、網路建設、客戶通訊、增值
服務等這些並不複雜的構件，無數個會員制計劃被克隆出來了，
但往往是被倉促地建立，由於成本和執行等方面的原因，又被倉

促地擱置。

當客戶無論去那裏消費都會得到一張名為「VIP」的折扣卡時，當企業花大價錢「贏得了」一大批不活躍的「死會員」時，單純以消費折扣為手段的積分計劃已經不能為企業帶來真正有價值的忠誠顧客。會員制行銷的發展趨勢必須是將忠誠計劃與企業的行銷戰略和品牌管理結合起來。

3.會員制需要投入大量人力、物力和財力

雖然資訊技術使用成本日漸下降，但設計和建立一個完善且有效的網路行銷系統是一項長期的系統性工程，需要投入大量的人力、物力和財力。因此，一旦某個公司已經實行了有效的會員制行銷，競爭者就很難進入公司的目標市場。

因為競爭者要用相當高的成本建立一個類似的數據庫，而且幾乎是不可能的。從某種意義上講，會員制行銷系統是公司難以模仿的核心競爭力和可以獲取收益的無形資產。

4.會員制的效果不一定能在短期內發揮出來

會員制的實施與管理並不是一件簡單的事情，它的效果也很難與投入的金錢、時間和精力成正比。由於行業的差別，有些會員制計劃的短期效益並不明顯，有的要花幾年時間才能收到成效，但對提高企業形象及競爭力都起到至關重要的作用，對企業未來的成功發揮著重要的作用。

例如，房地產業和汽車業的會員制，他們的會員一般都是已經實現初次購買，短期內再次購買的可能性不大，但房地產業和汽車業的會員制還是如火如荼地進行著。因為房屋和汽車不像普通的消費品，非常需要建立和培養客戶對其的認同和忠誠，會員對企業有了認同和忠誠，那麼即便他本人不再次購買，也會成為

一個傳播者。

　　通過實踐已經證明，建立會員制、成立客戶俱樂部是一種很有效的途徑。

🔊)) 第三節　誰是你的目標客戶群

　　在傳統行銷中，最令賣場商家頭疼的是客戶群的不穩定。市場競爭激烈，商家之間對客戶群體資源的爭奪成爲各行各業一道獨特的風景線。以美容化妝品行業中美容院的經營爲例，一家美容院如果想要確保生存，必須至少擁有 200 名左右的忠誠顧客經常來美容院接受服務並消費。

　　賣場實行會員制行銷的主要目標之一就是維持客戶群的長期穩定。會員制的目標客戶群是指那些企業想與之建立長期關係的客戶群，只有確定了目標客戶群，我們才能爲這部份人選擇和設計合適的利益。

一、目標客戶群是現有客戶還是潛在客戶

　　雖然從本質上說，每一位現有客戶和潛在客戶對企業來說都是重要的，但是我們不可能以同樣的方式或同樣的會員制利益去接觸每一位客戶。向目標客戶提供特定的商品或服務才是最理想的方法。

　　那麼，會員制的目標客戶群是以現有客戶還是潛在客戶爲主

呢？

1. 以潛在客戶為主

這種觀點認為，現有客戶已經與企業建立起良好的關係，即使沒有會員制的出現，他們也會忠誠。因此，會員制的重點應該放在購買量較少的客戶及潛在客戶身上，因為有了利益的刺激，這部份客戶會增加他們的購買量和使用量。

在這種情況下，企業的主要客戶沒有被排除在會員制之外，他們還可以享受會員可以享受的利益，只是招攬新客戶的活動和廣告的主要注意力還是放在潛在客戶身上。

2. 以現有客戶為主

這種觀點認為，企業的主要利潤僅僅掌握在少部份忠誠客戶手中，這部份忠誠客戶是企業最重要的客戶，對於企業的利潤增長和行銷戰略都具有非同尋常的意義。

著名的 80/20 法則認為：在頂部的 20%的客戶創造了公司 80%的利潤。威廉‧謝登（William Sherden）把它修改為 80/20/30 規則，其含義是在頂部的 20%的客戶創造了公司 80%的利潤，但其中一半的利潤被在底部的 30%的非贏利客戶喪失掉了。

因此，企業應該將注意力集中在這些現有的主要客戶身上，而不是那些偶爾購買或潛在客戶身上。

3. 綜合分析

總的來說，會員制的主要客戶群應該以那些為企業帶來 80%銷售額的 20%的主要客戶為主，正是因為有了這些客戶，企業的業務才得以繼續運轉和發展。這部份客戶不僅佔企業收入和利潤的大部份，而且還能夠從以往建立的關係中瞭解到不少情況。因為他們曾大量使用企業的產品，所以他們對產品的性能、質量、

能夠解決的問題、需要改進的領域等方面最具有發言權。

　　與這些客戶進行充分溝通的話，可以有效改進產品，從而提高企業產品的競爭力。這種重要的關係是企業長期生存所必需的，所以一定要保護好這部份客戶。

　　另外，因為企業實施會員制可能有多個目標，所以針對不同級別的會員制定多層次的忠誠計劃是一種比較合理的辦法。最高級的會員是企業目前最重要的客戶，中級會員是那些不定期購買的客戶，初級會員是那些潛在的客戶。會員的級別越高，所提供的價值就越多，會員資格也越值錢。

二、目標客戶群需要細分嗎

　　利用會員制行銷的優勢可以對現有客戶的要求和潛在需求有較深入的瞭解，對公司潛在客戶的需求也有一定瞭解，制定的行銷策略和行銷計劃有一定的針對性和科學性，便於實施和控制，順利完成行銷目標。

1.選定一個或幾個目標客戶群

　　會員制計劃可以同時選定一個或幾個目標客戶群，不同的細分市場都有其特定的價值訴求和行為特徵。因此，我們首先需要瞭解：企業的現有客戶是誰？是那些人在使用企業的產品和服務？他們消費的額度和頻率分別是多少？目前企業是否可以準確地跟蹤客戶的各種消費資訊？他們的需求是什麼？

　　如果會員制的目標客戶群較大，或者沒有很強的相似性，那麼就需要對這個目標客戶群進行細分，從中找出最重要的客戶，如購買量最大、與產品關聯度最大、對競爭對手最有價值的客戶，

然後將主要精力集中在這部份客戶身上。將目標客戶進行細分的另一個原因可能是預算較少或者缺乏建立大型忠誠客戶基礎設施所需的資源。

電信公司根據客戶給企業帶來的價值量大小不同,可簡單地將電信用戶分為低端用戶和高端用戶,實施忠誠度計劃時要細分這兩類客戶,抓住其忠誠度主要影響因素,做到有的放矢。

低端客戶大致可以分為兩部份群體,一部份群體是對電信需求量本身就不大,這部份群體比例雖不大,但是忠誠度相對高,且忠誠度維護成本不高;另外一部份是一批有很大需求慾望但受支付能力所限的群體,其為典型的資費敏感型,這批用戶在初期需要以低價策略滿足其基本電信業務需求,隨著其支付能力增強,開始及時灌輸其原來尚未滿足的電信業務,並加入忠誠度培養及業務捆綁等策略,順利實現將該類用戶消費類型在本電信企業內部的轉化,這部份客戶忠誠度維護成本較高,且風險也較大,電信企業需要重點關注。

高端用戶對於資費不是非常敏感,但對質量和服務關注程度高,進而對產品的心理滿足預期也較高,需要各電信運營商提高服務質量來鞏固。這部份用戶是電信企業實施客戶忠誠度的戰略要點。

良好的客戶服務是建立高端客戶忠誠度的最佳方法。通過建立一套通暢的客戶服務流程,讓客戶清楚地瞭解服務的內容以及獲得服務的途徑,針對企業重要大客戶還要積極主動地提供「貼心式」服務。另外,還要考慮到電信企業對低端客戶採取的價格刺激會對高端用戶產生一定心理衝擊,電信企業也要適度用類似積分贈送等方式給予適當回饋。

具體實施時，針對低端用戶和高端用戶，可以考慮分別制定不同業務組合、用戶組合、電信業務和其他服務相捆綁的空間結合方式，還可以考慮諸如積分計劃等以時間概念為基礎業務的連續銷售計劃，將電信用戶緊緊地鎖定在本網內。

2.採用多級會員資格法

另外，會員制計劃可以採用多級會員資格法，它的優點是適用於幾個目標客戶群。即使消費者從一個目標客戶群轉到另一個細分的客戶群，會員制計劃還是可以滿足他們的需要。事實證明，多級會員資格法在很多情況下都非常有效。

會員方案主方向為會員多級別晉升制，以會員優越感為中心，充分體現不同級別會員的尊貴感和榮譽感。

一、普通會員卡

一次性購物 500 元或 90 天累計購物 1000 元，可申請辦理普通會員卡。

1.購買金額按 10 元 1 分（不足 10 元全額不計）存入會員卡中。

2.入會即送禮品一份（禮品待定，市面價值 50～80 元）。

3.會員生日當月可 8 折購買商品一件（當月憑會員卡和身份證領取折扣券）。

4.可參加定期舉辦的只有會員可以參加的特賣會。

5.會員每月可免費索取《SS》雜誌一本。

6.會員購物累計到一定分數可升級為下一級會員。

7.普通會員卡使用期限為一年。

二、銀卡會員

普通會員購物分數達 300 分，可升級為銀卡會員。

1. 銀卡會員保留原分數繼續積分。

2. 入會即送禮品一份（禮品待定，市面價值 150～200 元）

3. 會員生日當月可 7 折購買商品一件（當月憑會員卡和身份證領取折扣券）。

4. 可參加定期舉辦的只有會員可以參加的特賣會。

5. 會員每月可免費索取《SS》雜誌一本。

6. 銀卡會員所購買的 SS 服裝可隨時根據自己的想法到店裏進行免費改制。

7. 銀卡會員在有贈送活動時購物，可獲雙份贈品。

8. 會員購物累計到一定分數可升級為下一級會員。

9. 銀卡會員卡使用期限為一年。

10. 使用期內再積 200 分以上，第二年可直接辦理會員銀卡，但分數為本卡基數 300 分。

三、金卡會員

銀卡會員購物分數達 800 分，可升級為金卡會員。

1. 金卡會員保留原分數繼續積分。

2. 入會即送禮品一份（禮品待定，市面價值 500 元左右）。

3. 會員生日當月可 6 折購買商品一件（當月憑會員卡和身份證領取折扣券）。

4. 可參加定期舉辦的只有會員可以參加的特賣會，並可同時購買高級會員區所售商品。

5. 會員每月可免費索取《SS》雜誌一本。

6. 金卡會員所購買的 SS 服裝可隨時根據自己的想法到店裏進行免費改制，免收附料及貼標籤等費用。

7. 有任何禮品贈送活動時，金卡會員無需購物就可免費領取

一份禮品。

8. 會員購物累計到一定分數可升級為下一級會員。

9. 金卡會員卡使用期限為一年。

10. 使用期內再積 500 分以上，第二年可直接辦理會員金卡，但分數為本卡基數 800 分。

四、鑽石卡會員

金卡會員購物分數達 1500 分，可升級為鑽石卡會員。

1. 鑽石卡會員保留原分數繼續積分。

2. 入會即送禮品一份（禮品待定，市面價值 1500 元左右）。

3. 會員生日當月可 5 折購買商品一件（當月憑會員卡和身份證領取折扣券）。

4. 可參加定期舉辦的只有會員可以參加的特賣會，並可同時購買高級會員區所售商品。

5. 每月為鑽石卡會員郵寄《SS》雜誌一本和新款資訊。

6. 鑽石卡會員所購買的 SS 服裝可隨時根據自己的想法到店裏進行免費改制，免收附料及貼標籤等費用，其他品牌服裝可免費改褲腳。

7. 有任何禮品贈送活動時，鑽石卡會員無需購物就可免費領取一份禮品。

8. 鑽石卡會員可參加一次「SS 之旅」活動，免費旅遊觀光（地點待定）。

9. 鑽石卡會員卡使用期限為一年。

10. 使用期內再積 700 分以上，第二年可直接辦理會員鑽石卡，但分數為本卡基數 1500 分。

因此，企業必須找出並贏得那些最重要的客戶，並讓他們獲

得回報。爲了達到這個目的，我們必須爲客戶提供一些讓他們覺
得價值很高的東西。會員制行銷就是通過與會員建立富有感情色
彩的關係，並向會員提供必要的附加價值，正是這種感情上的聯
繫使企業與會員之間的聯繫更獨特、更牢固、更持久。這種關係
並不完全建立在財務利益上，而是建立在軟性利益的基礎上，這
些軟性利益使忠誠會員客戶資格更有價值，並使會員獲得獨享權。

🔊))) 第四節　客戶最關心那些核心利益

一、會員制能為客戶帶來利益

　　首先，我們要分清顧客與客戶之間的區別。對於企業來說，
顧客也許是不知名的，而客戶則不可能不知名；客戶是針對特定
的某一類人或一個市場的一部份而言的，而顧客是針對個體而言
的；顧客是由任何可能的人來提供服務，而客戶是由那些指派給
他們的專職人員提供服務。

　　因此，顧客加入會員制後就成了企業的客戶，需要企業提供
更加優質的服務和更有價值的待遇。通過下面沃爾瑪山姆會員店
的例子，可以看到消費者在加入會員制後能夠享受到的種種優惠
和服務。

　　1983 年沃爾瑪創立了「山姆會員店」，這是一種會員制商店，
沒有櫃台，所有商品以更低價格的批發形式出售，這種方式使沃
爾瑪的利潤很低，卻將大批消費者牢牢地吸引在它的週圍，令對

手無可奈何,「山姆會員店」光是營業額就超過了 100 多億美元。

沃爾瑪山姆店提供給會員的並不僅僅是「低價」,還有歸宿感和忠誠感,會員可以從中獲取許多利益,例如:

對於消費者來說,加入山姆店可以享受價格更低的優惠,一次性支出的會費遠小於以後每次購物所享受到的超低價優惠,所以往往願意加入會員店。

消費者一旦成為會員之後,可以享受各式各樣的特殊服務,例如,可以定期收到有關新到貨品的樣式、性能、價格等資料,享受送貨上門的服務等。

會員卡的形式很多,其中附屬卡可以作為禮品轉贈他人。

山姆會員商店的會籍分為商業會籍和個人會籍兩類。商業會籍申請人須出示一份有效的營業執照複印件,並可提名 8 個附屬會員;個人會籍申請人只須出示其居民身份證或護照,並可提名 2 個附屬會員。

兩類會籍收費統一,簡便的入會手續,保證了每一位消費者都有成為會員、享受優惠的可能性。

1.享有優先和優惠權利

對於消費者來說,加入會員制後可以享有優先消費權,以及一定的商業促銷優惠和消費折扣等價格優惠,這些消費帶來的好處遠遠要高於會員交納的會費,因此對消費者具有很大的吸引力。一般情況下,持會員卡的客戶在消費時可以享受到比非會員更大的價格優惠。除此之外,很多企業還會對會員實施優待日活動,屆時只允許有會員資格的客戶進行消費。總之,企業會通過各種活動給予會員多方面的優待。

2.享受特殊服務

會員制俱樂部除了為會員提供價格優惠之外，通常還會為會員提供各種服務項目，以滿足會員的不同需求。如零售企業提供免費送貨、免費安裝等服務，而服務性企業提供的特殊服務會更加多種多樣。

3.參加會員活動

通常情況下，會員俱樂部會定期舉辦相關活動，如聯歡晚會、郊遊、競賽活動等，讓會員與俱樂部、會員與會員之間互相交流感情、溝通資訊，在豐富會員生活的同時，擴大了會員的交際圈，增進了會員之間的感情。

另外，會員還可以通過參加會員活動，實現自己的愛好和發揮自己的特長，尤其是當俱樂部是因共同志趣而成立時。

2005 年，孫先生參加了寶來車友會組織的會員自駕車遊的活動，還特意去看了希望小學的孩子。「幾十個志同道合的人一起行動，我感覺像是找到了組織，很有歸屬感……」這是孫先生發自肺腑的感言。

4.顯示會員身份和地位

會員在消費或享受服務時出示會員卡，都可以獲得不一般的待遇，因此會產生優越感和榮譽感，尤其是加入高級會員俱樂部，會更加彰顯會員的身份和地位，而且接觸高層次的人的機會更多。

二、那些是最有價值的利益

客戶會員制計劃的核心就是向會員提供什麼樣的利益包，這是會員制計劃的靈魂，也是會員制計劃能否取得成功及能否留住

客戶的關鍵所在。由於會員制計劃旨在與客戶建立起富有感情色彩的關係，因此找出正確的利益非常重要，而且這些利益對會員來說必須是有價值的。

1.高認知價值的利益

如果現在有一個會員制計劃邀請你加入，你會怎麼辦呢？你可能馬上會問「我需要交納會費嗎？」「入會後我可以獲得什麼利益？」

客戶會員制計劃的精髓在於，為會員創造在他們看來具有很高認知價值的利益，因為會員對企業忠誠度的最原始動力還是利益。

很顯然，當客戶在考慮是否加入一個會員制計劃時，他會詳細衡量付出（會費、個人的相關資訊、會員責任）與回報（利益、財務優惠、滿意的待遇、身份/形象），當後者大於前者時，客戶會感到有價值，才會決定加入。

圖 2-4-1　付出與回報的衡量

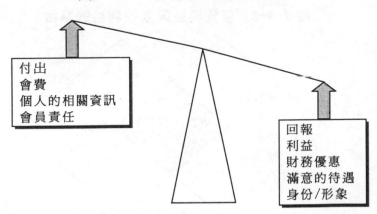

那麼，什麼樣的利益才會讓會員認為具有很高的認知價值

呢？

> ·具有某種唯一性或者與眾不同，而且價值的絕對值很高。
> ·是從客戶的角度去選擇，並爲他們所喜愛的利益。
> ·是客戶認可並期望獲取的利益。

爲了能夠正確選擇會員制計劃的利益，必須詳細衡量每一項潛在利益的價值。只有通過週密的計劃方案和詳細的客戶調查，綜合客戶的意見和想法，才能找出真正吸引客戶的利益。

2. 硬性利益

幾乎每一個成功的客戶會員制計劃都由恰當的硬性利益和軟性利益組合而成。硬性利益是可以立即被會員認同的有形利益，它爲會員帶來某些方面的成本節約。

通常情況下，硬性利益都是財務方面的利益，例如折扣、贈券等。硬性利益可以爲會員省錢，省錢永遠排在客戶願望的最前面，因爲省錢對客戶確實具有一定的價值，而且這種價值是可以衡量的。因此，客戶會員制計劃必須包含一定的硬性利益。

圖 2-4-2　硬性利益與軟性利益的組合

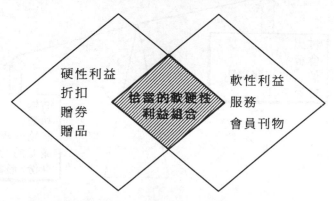

但這些財務利益並不是會員制計劃中能夠留住客戶的原

因。因為諸如折扣、贈券這些手段是每一個商家都可以採用的，不具有獨特性。那些只是因為折扣而加入你的會員制計劃的客戶，會在競爭對手提供更低的折扣時馬上離你而去，投入競爭對手的懷抱。

3. 軟性利益

軟性利益是會員制計劃獲得成功的決定性因素，它包括增值服務、特殊待遇或客戶希望得到的認同和回報等。軟性利益一般都是無形的，而且是與企業或產品相關的利益，因此不易被競爭對手所模仿。軟性利益使會員制計劃具有獨到之處，而正是因為這些獨特之處吸引了客戶，同時為客戶提供了他們期望的高價值。

但是，軟性利益是難以量化衡量的，而且為會員提供軟性利益需要付出成本。

企業只有找到硬性利益與軟性利益的最佳組合，對客戶來說才是具有最高認知價值的，而且能夠達到留住客戶的目的。只提供硬性利益容易被競爭對手模仿，而只提供軟性利益也不能達到長期留住客戶的目的，因為省錢始終是會員制計劃吸引客戶的最初因素。

德國保時捷公司是世界著名的跑車生產商，他們只向擁有保時捷汽車的人發放「保時捷卡」。會員只要交納年費100美元，就可以享受保時捷公司和其他合作者提供的優先預訂旅館房間、租賃車、餐廳、運動設施、航空機位以及道路緊急救援等幾十種不同的服務。

但迄今為止，對會員最具有吸引力的是艾維斯租車公司（AVIS）的免費停車與洗車服務。這項服務允許任何一個同時擁有保時捷卡及商務艙機票的人將他們的保時捷汽車停在任何一個

加入這項計劃的艾維斯停車場上。當他們回來時，他們的保時捷汽車已經裏外清洗一新地等在那裏，這讓每一個會員都享受到了專有權和貴賓的感覺。

另外，持卡人若選擇接受與漢莎航空 Visa 卡的結合服務，便可以享有機位候補優先權，並可使用設於機場內的健身俱樂部。

🔊))) 第五節　找出真正價值因素的四個步驟

一、第一步驟，收集潛在利益

企業要進行調查分析，找出客戶感興趣的利益點，將它置入會員制的福利內。

當客戶會員制計劃的目標及目標客戶群已經被確定下來，而且內部項目團隊已經由來自不同部門的人員組建起來。這時候，我們需要做的工作就是將所有會員制計劃的會員非常感興趣的潛在利益都收集起來，並列出詳細的清單。

要特別注意的是，在形成潛在利益清單的過程中，不要考慮諸如成本、可行性及競爭力等因素，也不要限制團體成員的想像力。團隊成員需要結合你們確定的目標客戶群，收集儘量多的競爭對手的會員制計劃、企業本身所在行業的會員制計劃、來自其他行業/國家的會員制計劃等,將這些來自廣泛領域的會員制計劃的潛在利益收集起來，同時還要加上你們的新想法，力求涵蓋所有的潛在利益。表 2-5-1 是客戶最感興趣的利益舉例：

表 2-5-1　找出客戶最感興趣的利益

旅行和旅遊

- 國內外酒店資訊、預訂及訂房服務、全世界 20000 家連鎖酒店；10%到 20%的折扣；VIP 服務
- 國內餐館資訊及預訂服務
- 特許觀看國際主要體育賽事，如溫布頓網球公開賽、蒙特卡羅網球公開賽或紐約網球公開賽；VIP 打包服務；准與入場服務
- 有專家陪同的教育旅行
- 參加外地的文化活動及國際性的活動，如維也納的歌劇、薩爾茨堡及維羅納的藝術節表演；短期旅行；准予入場服務
- 有專家指導的音樂及文化旅行
- 運動旅行：高爾夫、網球、騎馬、摩托車旅行、熱氣球旅行
- 烹飪旅行：包括烹調課及品酒課
- 乘豪華或中等遊船旅行；特殊的條件設施；艙位升級；VIP 服務
- 安排在歐洲及海外的度假村；特殊的待遇
- 最後一分鐘旅行服務；通過電話得到建議、預訂及支付方面的服務
- 世界範圍內包租遊艇的服務；調解人數增多時的矛盾；特別的價格
- 爲兒童及青少年提供的夏令營服務；充滿活力的學習項目
- 爲個人或商務旅行提供的全方位的服務；購買機票、火車票和船票；以特價出租汽車
- 特價提供直升機及商務包機的服務
- 世界範圍內的汽車出租服務；特殊的服務及特價
- 宿營車及週末旅遊車出租服務
- 摩托車出租
- 冒險飛行

- 為去國外旅行的人提供醫療資訊
- 世界範圍內的醫療援助
- 行李箱出租
- 旅遊著作出租
- 旅行錄影帶及照片光碟出租
- 機場短程運輸班車
- 在機場貴賓候機廳等候
- 可用 VISA 卡購物
- 關於各國的綜合資訊，包括進入的正式手續和條件、氣候、匯率、接種疫苗以及其他預防措施
- 關於旅行路線及旅行城市的諮詢
- 交通報告及旅行資訊
- 機場停車費的特別折扣
- 提供城市及社區觀光折扣服務
- 可進入脫口秀和其他電視節目的錄製現場
- 假日交易市場，包括假期住宅及公寓交換的機會

保險
- 保證範圍
- 個人第三方保險
- 交通及一般事故保險
- 行李保險
- 航班延誤保險
- 旅行取消保險
- 出國用的健康保險文件
- 小汽車及出國租車的第三方保險

• 摩托車保險，包括第三方保險、部份賠付及全程保險

產品/附屬品

• 酒、汽酒、香檳、高檔品牌、珍品

• 國際熟食店；特價協議

• 禮品；高質量的飾品；特價；CD 及錄影帶的會員制計劃

• 體育用品，包括高爾夫、網球、騎馬、打獵；特價

• 辦公用品及設備；批發條件

• 超級美味的咖啡

• 新鮮牡蠣運送服務

• 制定個人或會員制計劃徽章形狀的杏仁糖

• 繪畫及雕塑

• 皮革製成的會員制計劃物品；印有標誌或不帶標誌

• 限量發售的產品

• 印有會員制計劃標誌的手錶

• 寶石及飾品

• 有時間限制的、免費發送的報紙和雜誌

• 印有會員制計劃標誌的行李帶

特殊活動

• 地區會員制計劃圓桌會議

• 會員制計劃研討會，如自我意識、緩解壓力、演講、申請培訓、時間
　管理、以客戶為導向的電話行為

• 會員制計劃內部的體育競賽、音樂會及參觀遊覽

• 對汽車及摩托車用戶的安全培訓

• 國際圓桌會議

• 在貿易展、搖滾音樂會、體育活動中搭建起的會員制計劃的帳篷

其他

· 預付費電話卡

· 國際：購買戲劇、音樂會、文藝活動與體育賽事的票

· 國際性的辦公服務

· 秘書服務，包括打字、展示及圖示服務

· 提供文案服務，包括監控截止日期

· 24 小時問詢、接待及寄送服務

· 會議及研討會組織服務

· 國際性的禮品遞送服務

· 國際性的快遞服務

· 兒童看護服務

· 國際性的重新安置服務

· 換工住宿仲介服務；資訊交換

· 藝術品出租

· 晚會創意

· 手錶修理

· 電影院會員制計劃，包括參加首映式

· 通過磁帶、語音郵件或個人拜訪等形式提供關於商品降價銷售的資訊

二、第二步驟，對客戶進行預先調查

在第二個步驟，要通過一個小規模的客戶研究來縮減在第一步中提出的利益，你可以通過焦點小組或調查法做到這點。這樣做的目的是找出那些最有吸引力與最沒有吸引力的潛在利益，並對會員制計劃將提供的利益做大致的選擇。對不同利益的價值的

衡量將在第三步進行。在第二步中，會第一次採納客戶的意見（雖然在第一步中也可以通過焦點小組收集他們對利益的看法），並根據他們的意見對利益清單中的利益做出一個大致的選擇，而且還要將他們的新意見加入到利益清單中。

在對焦點小組或被調查者進行訪談之前，要向他們簡明地介紹客戶會員制計劃，這樣他們才能對這些會員制計劃的目標以及訪談的目的有一個大致的瞭解。在這個過程中，你要強調客戶意見對形成會員制計劃概念的重要性。而且，你要先問被訪者一些開放式的問題，如：XYZ 公司要提供那些利益？或如果你建立一個客戶會員制計劃，你會提供那些利益？雖然開放式問題並不總能產生詳細的、有意義的結果，但在這種情況，採用開放式的問題有兩大優勢。

- 能讓被訪者做好準備並幫助他們將注意力放到訪談的主題上。
- 由於被訪者的回答是未經提示的（提問者沒有出示清單或提供幫助），因此可以推測，他們說出的利益對他們有很大的重要性。

在熱身之後，要向被訪者出示在第一階段提出的潛在利益清單，要求他們使用不同的尺度（最好是 1～5）評估每一種利益。下表 2-5-2 詳細地說明了如何去完成這個工作。這是惟一一次能使用重要性或吸引力評判各種利益的機會。雖然很有必要用這種尺度去衡量每一個要考慮的因素，但此時我們的目標是要對所提供的利益做出一個大致的選擇並將那些沒有吸引力的利益去掉。因此，找出每種利益的價值傾向並衡量相對於其他利益的重要性就足夠了。

表 2-5-2　在第二階段對利益的評估

	對我而言，這項利益……		
	根本沒吸引力　　有一些吸引力　　很有吸引力		
特別提供產品	(1)……(2)……(3)……(4)……(5)		
訂票服務	(1)……(2)……(3)……(4)……(5)		
鮮花遞送服務	(1)……(2)……(3)……(4)……(5)		
最優價格機票	(1)……(2)……(3)……(4)……(5)		
專為會員舉辦的研討會	(1)……(2)……(3)……(4)……(5)		
旅行計劃服務	(1)……(2)……(3)……(4)……(5)		

　　由於很多提出的利益對被訪者來說都是全新的利益，如不對它們加以說明，他們將很難理解。因此，必須要在清單上對這些利益進行詳細的說明。這樣才能保證被訪者正確地理解每項利益包括的內容並對它們做出更公正的評估。而且，它還能保證所有的被訪者都能得到相同的說明，表 2-5-3 列明了如何制訂一張說明清單。

　　當完成對客戶的預先調查之後，就可以將清單上的利益分成兩組。對利益評估進行分析可以揭示出那些利益被潛在會員認為是極具吸引力的，因此要進一步的分析；而那些利益對潛在會員來說不具任何吸引力。這種預先調查是用來對潛在利益做出大致的選擇的，但在很多情況下，它卻產生了非常明確的結果，表明對那些利益應作進一步考慮，而那些利益應該放棄。總的來說，一張包含 50 項利益的清單通過這種事先調查，可以將利益縮減到20 項左右。

表 2-5-3　說明清單

特別提供產品 作為忠誠計劃的會員，你將定期得到特別提供的產品。這些產品僅向會員提供，它們的質量與您以前從我們這裏得到的產品的質量一樣好，而且價格很有競爭力
訂票服務 通過我們的訂票服務，您只要撥打指定的電話，使用信用卡就能買到全世界任何活動的門票
鮮花遞送服務 我們將提供給您一個電話號碼，您只要使用信用卡，就可以通過我們遍佈世界各地的鮮花遞送服務，為您將鮮花在任何時間送給任何地點
最優價格機票 不論您什麼時候想飛往什麼地方，我們保證您將得到最優的價格。我們會為您核實各航空公司的價格
專為會員舉辦的研討會 您將有機會定期參加專門的研討會，這些研討會的主題都與公司有關，而且對會員免費（例如，汽車製造廠忠誠計劃會提供諸如「多日汽車裝配」、「防禦性駕駛」、「自己動手修車」等研討會）
旅行計劃服務 想去那嗎？讓我們幫助您吧。我們可以向您提供最佳路線、酒店、餐館以及必須一看的景點和近期活動的內部消息

　　此外，要讓被訪者有機會將他們認為有趣的以及清單上沒有的一些利益加到清單上來。通過這種方法，能使你避免忽略那些客戶感興趣的利益，同時還能確保你在形成會員制計劃概念的階段充分地考慮到了客戶的意見。

三、第三步驟，深入的客戶研究

在第三步驟，我們將對那些在第二步得到的、被確定爲「極具吸引力」的利益進行進一步的分析。此外，還要將被訪問者在事先調查時提出的一些利益增加進來。這一階段的工作，其目的在於從最具吸引力的利益中確定出最高價值的驅動因素，衡量它們的價值並評估其使用率，這項任務可不像它最初看起來那樣容易。

爲衡量某種特性的重要性或價值，通常，我們會直接問客戶那種產品因素對他們最重要或者他們最希望從會員制計劃中得到那種利益。但這種直接提問的方式只會令我們發現所有的利益都重要，被訪者沒有區別出每項利益的重要程度。圖 2-5-1 給出了一個汽車製造商會員俱樂部的例子。

如果你問那些買車的人，汽車要具有那些特性，你會得到非常相似的回答。他們可能想得到強勁的動力、最高的安全性、便宜的價格、較高的配置等，也就是說要具有最好的質量、最低的價格。又如，買衣服的人希望衣服款式時髦、由名師設計、質地良好、容易打理、穿起來非常合身等，同時又想以低價得到所有的一切。遺憾的是，這種產品還沒有被發明出來。在現實世界中，購買者要被迫做出取捨。例如，購買汽車的人必須要爲他們想得到的高安全性付出更高的價格。這種取捨同樣也適用於會員制計劃。考慮到成本、效率和組織方面的原因，不可能將所有的利益都納入會員制計劃之中。

圖 2-5-1　汽車製造商會員俱樂部提供的利益

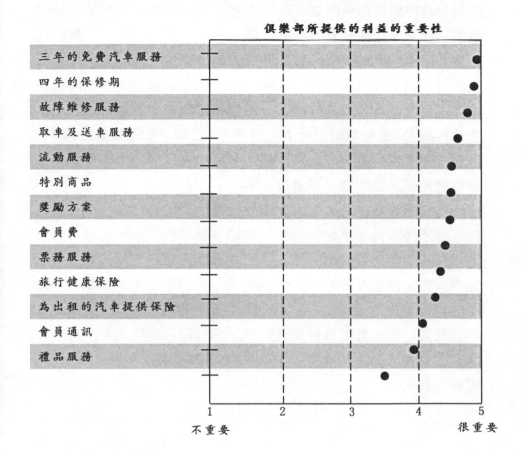

四、第四步驟，衡量價值的方法

採用傳統的評價方法能夠衡量出那些利益看起來很重要，那些利益不重要的大概趨勢，但諸如要選擇那些利益這樣的重要決策不應該只建立在一種方法的基礎上。因此，我們要用更成熟的

工具去衡量不同方案的準確價值及其重要性。從這個角度來說，僅對利益價值做粗略的估計是不夠的，必須要準確地衡量利益的價值以便拿出一個有效的利益排序。因此，第三步需要一個較大的調查樣本。經驗表明，爲了獲得可靠的結果，至少需要 250 名被訪者。如果目標客戶群比較小，如在 B2B 領域，那麼採用較小的樣本也可以達到同樣的效果。但目標客戶群差異越大，或地區性差異越大，選取的調查樣本也要更大，這樣才能達到較好效果。

衡量價值的可行方法有三種：等級法、固定總和評價法以及更成熟、更精確的聯合測量法。

在使用等級法時，要求被訪者根據他們的喜好爲各項利益排序。爲了能取得更準確的結果，要將各項利益分組，組數不要超過六組，因爲超過六組的利益排序對很多被訪者來說是一項很複雜的工作。將各項利益分類的一個方法是將來自相同領域的利益（如旅行和旅遊、娛樂、產品）歸到同一個組。表 2-5-4 給出了一個爲旅行和旅遊利益排序的例子。需要再次說明的是，這些不同的利益應該在說明清單上加以說明，以保證被訪者能夠清楚地瞭解他們。

表 2-5-4　等級系統

利益	排序
旅行計劃服務	1
預定酒店服務	4
最優惠機票	2
最後一分鐘旅行服務	5
出租旅行箱服務	6
旅遊錄相帶出租服務	3

圖 2-5-2　多級排序體系的結構

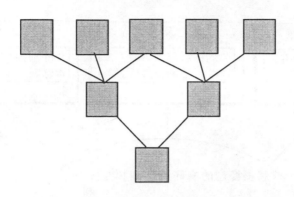

　　使用這種分開排序的方法能找出每一組中具有最高價值的利益。然而，我們的目標是從所有利益中找出最重要的利益。因此，要將每一組中排名最高的價值放到一個新的組中。顯然，這個組中包括了來自不同領域的利益，例如從旅行和旅遊到娛樂。這一組中的利益要被重新排序。而圖 2-5-3 是一個例子，在這個例子中，每組中排在最前面的兩項利益將進入下一個級別。將清單上的利益減少到排名為前二名或前三名的利益之前，至少需要兩步或兩級，這取決於深入客戶調查開始階段保留的利益的數量。只有這些利益才是真正的價值驅動因素。

　　這種方法的一個缺點是每次總是將排在前兩名的利益放到下一級中，排在第三位的利益可能被排除在外。但對客戶來說，這項利益的價值可能要高於其他組排在前兩名的利益的價值。我們可以減少此類問題的發生。例如，首先將被訪者最不感興趣的利益組排除在外（如他們可能對旅行和旅遊最不感興趣），接著，將其餘各組的利益排序。

圖 2-5-3　兩級排序系統

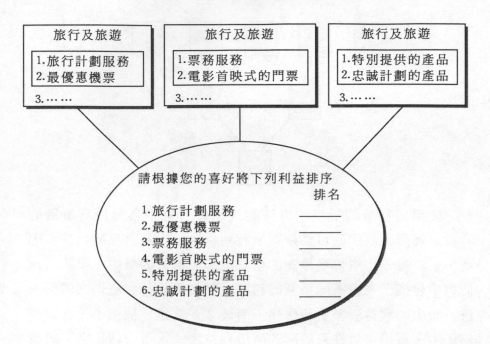

另一種方法是多提一些問題，以找出對排在第二和第三的不同組的利益來說，被訪者更喜歡那一個。你可以通過以下幾種方法做到這點：將這些利益再一次排序，直接問被訪者他們對那一領域的利益更感興趣，或者作為一個備選問題，要被訪者從總的利益中挑出幾個（可能是 3～6 個）利益，如果他們可以決定將那些放在會員制計劃中。

第六節　如何提供你的產品利益力

　　顯然，從原則上說，提供與產品相關的利益應該是忠誠計劃利益包的核心，因爲你想在你的產品和你的客戶間建立起聯繫。但是，這樣做還有一些別的優勢：

- 因爲客戶對產品很熟悉，所以他們能很快地瞭解這些與產品相關的利益。
- 同那些與產品無關的利益以及不被客戶所知的利益相比，與產品相關的利益的價值能夠被他們更快地認可。
- 因爲這些利益與產品的核心競爭力相關，因而客戶會認爲公司在提供這些利益上也是有競爭力的。
- 由於這些利益與公司的核心業務關係密切，因而，提供這些利益的成本要低於提供那些與公司產品相距甚遠、並需要專業人士和外部幫助的利益的成本，這主要得益於經驗、規模經濟或更好地利用各種資源。
- 最後，這些利益也容易提供，因爲公司在這個領域內經驗豐富，而且員工也接受過產品等方面的培訓。

　　儘管如此，那些與產品無關的利益也被證明是對客戶忠誠計劃利益包的極好補充。爲了提供這些與產品無關的利益，最好的方法是與外部合作者合作，如酒店、航空公司、或服務公司。下表是一張潛在合作者的名單。通過這種方法，可以提供那些與產品無關的利益，來擴大忠誠計劃的利益組合，增強它的吸引力，

並克服競爭上的問題。

表 2-6-1　為客戶忠誠計劃選擇最具吸引力的合作者

- 健康俱樂部及其他體育設施
- 舞蹈學校
- 迪廳和夜總會
- 文化活動的組織者，如音樂會、搖滾音樂會、露天音樂會、戲劇演出、古典演出
- 電影院
- 酒吧和餐館
- 晚會服務及食品供應公司
- 提供研討會及培訓服務的公司
- 療養勝地
- 汽車出租公司
- 航空公司
- 酒店及連鎖汽車旅店
- 電話服務提供商
- 快遞及其他特殊遞送服務
- 不同業務服務的提供商
- 報紙、雜誌、書籍等出版商
- 遊樂場
- 保險公司

第七節　（企業案例）視窗卡如何撬動股票上市

　　「錢櫃」公司曾是一家名不見經傳的小型娛樂企業，然而在三年之內通過股權置換和收購等一系列運作一舉上市，創造了娛樂企業從難以上市到成功上市的奇跡。

一、踢出一個娛樂傳媒集團

　　90 年代中期在台灣的 KTV 市場已經形成三大勢力：好樂迪系統、歡樂總動員系統和錢櫃系統。而錢櫃在這三大系統中曾是規模最小、資金實力最弱的一家。好樂迪系統的經營特點是價格低廉，其主要目標客戶定位為學生階層。歡樂總動員 KTV 收費適中，通過推出通宵包唱，深受白領階層的青睞。錢櫃 KTV 則走高端路線，通過豪華的裝修和優良的音質，抓住一大批商務人士和演藝明星。

　　2002 年，錢櫃通過一系列資本運作，形成了急劇擴張，同時通過與好樂迪置換股份，形成合作。

　　在這期間，錢櫃啟用了一大批高新技術。其中視窗 IT 卡及管理系統起了關鍵作用。通過使用視窗 IT 卡作為錢櫃的會員卡進行發放，錢櫃掌握了大量的顧客資訊。

　　視窗 IT 卡是在會員卡的表面嵌入一個特殊材料製成的可視窗，窗內可顯示持卡人的消費日期、消費額、積分累計、儲值餘

額、商場促銷等資訊，並隨消費不斷更新，讓消費者一目了然地
獲知自己的消費情況和商家的促銷資訊。同時它可以利用卡面進
行廣告傳播，將商業流通、廣告傳媒、CRM 客戶關係管理整合起
來，讓商家實現立體行銷的目的。

圍繞著視窗 IT 卡，錢櫃公司策劃了「三腳踢」的行銷戰略。

第一腳，錢櫃便使出了他的：「殺手鐗」──發行視窗 IT 卡。
通過卡面視窗，錢櫃組織了類似「超級女聲」的互動活動，推出
了點歌排行榜及點歌競猜活動。這一招打出不久，台灣地區的時
尚年輕人們便聞風而來，許多歌迷即使不是為了消費，每天也要
來錢櫃刷一次卡，目的是為了瞭解排行榜的最新資訊，競猜中大
獎。據介紹，錢櫃排行榜火熱的時候，曾蓋過了當地官方排行榜
的點擊率，甚至很多娛樂公司主動上門與錢櫃簽約，將其作為一
個推出新人的平台。

就這樣，僅用半年時間，錢櫃公司的會員已經達到 20 萬人，
錢櫃踢出的第一腳初見功效。

第二腳，錢櫃瞄準了手裏攥住的 20 萬名會員的資源，乘勝
追擊，結合已經開始投放的錢櫃雜誌，通過視覺化 CRM 管理系統
掌握的會員資訊資料，將雜誌一對一地寄送到會員手裏，並將排
行榜及服務資訊融入這本直投雜誌裏。這樣一來，當地的服裝、
家電、食品、家裝等各行各業的廣告風湧而來，這時錢櫃公司也
從單純的娛樂公司升級為多層次的傳媒公司。

繼第二腳之後，時隔半年，錢櫃又發動建立了自己的網站，
此時，錢櫃已經擁有 40 萬名會員。

依託著這樣龐大、穩定的客戶資源優勢，錢櫃在踢出第一腳
時提出的「積分戰略」得到進一步昇華。

　　這時的錢櫃已經成了名副其實的百貨存儲庫，上萬種從 10
元到 10 萬元的產品供積分會員們選擇和領取，在激發了會員消費
積極性的同時，也帶動了各地區的公司、企業和商家們紛紛主動
與台灣錢櫃牽起了「紅線」。至此錢櫃不僅實現了各地立體化、互
動式的行銷模式，並於 2002 年併購了好樂迪，2003 年成功上市。

二、建立客戶忠誠需要技術支撐

　　會員卡促銷是最為常用也是最為起效的市場策略之一，但是
企業必須瞭解當前的市場競爭狀況，在推出新產品、新服務期間
通過一系列創新的活動促銷，刺激消費者需求，讓更多的消費者
走進嘗試購買的隊伍中，然後借助產品功能和優質的服務，形成
口碑傳播行銷，實現產品在後期銷售的張力。

　　但是娛樂、餐飲等服務業具有「穩定長效」的行業特點，這
既是一個很好的行業優點，同時也是一個行銷瓶頸。對於一些中
檔消費的產品來說，一次成功促銷所帶來的消費高潮後，緊跟著
就是一個市場銷售的谷底。那麼如何保持持續穩定的銷售狀況，
是企業一直以來急於解決但又難以解決的問題。類似視窗 IT 卡等
技術的出現，則為商家們解決了這一難題。

　　通過視窗 IT 卡及其管理系統這樣的技術，打通商家和顧客
聯繫溝通的通路，對建立顧客的忠誠度和實現商家與商家之間的
互助行銷將會起到至關重要的作用。

　　爭取一個新客戶的費用常常是留住一個老客戶的 10 倍，但
每一家企業都需要不斷輸入新鮮血液才能保證利潤的持續增長。
對新客戶的爭取不應是傳統意義上那種站在街邊盲目發宣傳資

料、沒有行銷計劃的肆意促銷。針對目標受眾，真正有效地擴大影響力才是上佳之策。成功的行銷是能刺激老客戶的持續消費，這不僅能給企業帶來穩固的基本收入，還可以保證帶來新的客戶，這就需要商家對老客戶的關係管理進行重要分析。

　　在促銷上，店家應該打兩張牌，一是傳達給消費者累計消費也能得到回報，打「報恩」牌；二是履行承諾，打「誠信」牌。

　　促銷的生命力歸根到底是來自誠信，而誠信需要的是技術視覺化的保證而不是口頭的空頭支票。誠信消費機制的建立，除了需要規範相關法律、提高職業道德水準以外，還應通過技術上的創新來實現。

　　錢櫃公司正是通過視窗卡技術打了兩張牌，俘虜了千萬消費者的心，也成就了其上市的戰略。

心得欄 ------------------------------

第 *3* 章

會員數據庫是寶藏

📢)) 第一節　會員數據庫才是企業制勝法寶

　　商場要建立詳細而準確的會員資訊數據庫,是一種有效的戰略武器,它決定了企業未來的成敗。因為這些會員數據不僅可以用於會員制行銷活動,還可以支援企業的其他部門,為他們提供業務所需要的資訊。

一、商場要建立客戶數據庫的原因

　　實行會員制行銷的目的在於培養客戶忠誠,留住每一位客戶,以帶來更多的後續購買行為,實現該目的的關鍵是千方百計地提高客戶的滿意度。要提高顧客的滿意度,就必須瞭解與掌握客戶需求的各種資訊,以制定更有針對性的行銷策略及開展行銷

活動。建立客戶數據庫,是分析、維護好屬於企業自己的「自留地」的一種有效方式。

企業通過建立客戶數據庫,在處理分析的基礎上,可以研究客戶購買產品的傾向性,當然也可以發現現有經營產品的適合客戶群體,從而又可針對性地向客戶提出各種建議,並更加有效地說服客戶接受企業銷售的產品。

美國航空公司設有一個旅行者數據庫,儲存著 80 萬人的資料,公司每年以這部份顧客為主要對象開展促銷活動,極力改進服務,與之建立良好關係,使他們成為公司的穩定客戶。據統計,這部份顧客平均每人每年要搭乘該公司航班達 13 次之多,佔公司總營業額的 65%。

建立客戶數據庫的理由顯而易見,隨著市場競爭的激烈程度與日俱增,企業自己的客戶群體已經成為企業賴以生存的基礎。不能很好地跟蹤客戶的變化,不能提前研究出客戶的發展態勢,就很難把握好向已有客戶銷售的時機。

例如,客戶今天若買進了一台鐳射印表機,那麼三個月之後,這個客戶就可能需要購買硒鼓,如果沒有隨時跟蹤的數據庫,那麼,最好的結果是這個客戶向你提出購買要求,糟糕的結果是客戶從其他的經銷商手中購買了硒鼓,為什麼你不能在數據庫的提醒下,在客戶購買之前就主動地提出購買建議而使客戶感受到被呵護的服務呢?

總的來說,建立客戶數據庫能為企業帶來以下好處:

· 可以幫助企業準確地找到目標消費群體。

· 幫助企業判定消費者和潛在消費者的消費標準。

· 建立與運用消費者數據庫,可以及時把握顧客需求動態,

為企業開發新產品提供準確的資訊。

- 幫助企業在最合適的時機、以最合適的產品滿足客戶的需要，從而降低成本、提高銷售效率。
- 幫助企業結合最新資訊和結果制定出新策略，以增強企業的環境適應能力。
- 發展新的服務項目，促進企業發展，並促使購買過程簡單化，提高客戶重覆購買的概率。
- 運用數據庫建立企業與消費者的緊密聯繫，建立穩定、忠實的客戶群體，從而穩定與擴大產品的銷售市場，鞏固與提高產品的市場佔有率。

二、會員與數據庫的關係

忠誠夥伴是德國最大的獎勵計劃，由來自幾十個不同行業的公司組成。客戶要成為會員，就必須在申請表上提供諸如個人收入、擁有幾個孩子等個人資料。有超過 50%的客戶會提供這種個人資訊而成為會員，這些資訊在參加獎勵計劃的公司間共用，而關於會員購買行為等方面的其他資料也會被提供。

1.會員更願意提供詳細真實的資訊

與一般的客戶相比，會員更加願意與發起公司分享個人資訊並提供大量的數據，因為會員與忠誠計劃和發起公司有著密切的關係，所以，客戶忠誠計劃是收集重要客戶資訊的理想工具：

- 會員與忠誠計劃和發起公司關係密切，並信任他們；
- 為了維護自身的利益，會員默許並期望企業能維護這種類型的數據庫；

- 會員提供的姓名、聯繫方式等重要資料真實性強、錯誤率低；
- 通過忠誠計劃收集的資訊比其他方式收集到的資訊更容易和全面；
- 不但可以收集到會員的個人資訊，還可以收集到產品使用、購買型號和購買頻率等方面的資訊；
- 可以及時更新會員的變動資訊。

2.數據庫內的會員數據很有價值

美國福克斯兒童網路公司（Fox Kids Network）的福克斯兒童忠誠計劃，它對忠誠計劃的會員做了詳盡的分析。這次分析活動是由美國福克斯兒童網路公司發起、美國電腦集團和西蒙市場調研局實施進行的。它們得到了非常詳盡的資訊：

- 有 63.6%的會員年齡在 5～11 歲，平均年齡是 9.7 歲；
- 性別分佈是男女各佔 50%；
- 有 47%的會員父母家庭年收入超過 40000 美元，有 22%的會員家庭收入超過 60000 美元；
- 有 63%的會員父母中至少有一人是大學或研究生畢業；
- 可以通過他們看電視的習慣和愛好等得到進一步的資訊。

對於生產商和廣告商來說，以上資訊形成了非常有吸引力的目標客戶群，因為它們具有非常強的購買力。與一般的美國兒童相比，福克斯兒童忠誠計劃的會員中：

- 74%的會員更想擁有電子遊戲機；
- 50%的會員更希望每週有 6 個小時或更多的電視遊戲時間；
- 在過去的 90 天內，有 15%的會員更願意去看電影；
- 有 23%～64%的人更喜歡去速食店吃飯；

·有 44%的人更喜歡參加團體性的體育活動。

而且數據庫的資料還顯示，兒童忠誠計劃雜誌的讀者中，90%的人有自己的零用錢，有 22%的人每週的零用錢超過 5 美元。

福克斯兒童忠誠計劃擁有 550 萬名會員，而且每週大約有 10000 名新會員加入，以上這些詳細的資訊很有代表性和價值，即使它不能完全代表整個客戶群體。

企業收集到的這些會員數據不僅可以運用於會員制行銷活動中，還可以支援企業的其他部門，爲他們提供業務所需要的資訊。但同時也必須注意要慎重使用這些數據，以保護會員不會被過量的溝通和提供品所困擾，從而導致他們與企業疏遠。

三、數據庫建立的六大流程

數據庫行銷是指通過收集和積累消費者的大量資訊，經過處理後預測消費者購買某種產品的可能性，有針對性地製作行銷資訊，以達到說服消費者購買產品的目的。通過數據庫的建立和分析，可以幫助企業準確瞭解用戶資訊，確定企業目標消費群，同時使企業促銷工作更具有針對性，從而提高企業的行銷效率。

數據庫行銷包含以下幾個要素：資訊的有效應用，成本最小化，效果最大化，雙向個性化交流，通過這種雙向交流進入企業客戶數據庫；公司根據資訊反饋，改進產品或繼續發揚優勢，實現最優化。

數據庫建立及應用必須經歷以下幾個流程：

1.數據系統化

數據庫的數據，一方面通過市場調查消費者行爲和促銷活動

來記錄。另一方面可以利用公共記錄的數據，如人口統計、嬰兒出生記錄、銀行擔保卡、信用卡等，這些都可以選擇性地進入數據庫。

2.數據存儲

以消費者爲基本單元，逐一輸入電腦，建立消費者數據庫。

3.數據處理

通過軟體支援，產生各部門所需的詳細的數據庫。

4.尋找理想消費者

通過勾畫出某品牌產品的消費者模型，將消費者歸類，進而找到目標消費者群體。

5.使用數據

數據庫數據可以用於多個方面：鑑定購物優惠劵價值目標，決定優惠對象，開發新產品，製作有效的廣告；制定消費檔次和測量消費者品牌忠誠度等。

6.完善數據庫

通過各種行銷活動，使數據庫不斷得到更新，從而及時反映消費者的變化趨勢，使數據庫適應企業經營的需要。

四、在數據庫中放入的信息

客戶數據庫可看做是一個系統，用來建立一套存放維繫企業與客戶關係的中央資料庫，資料是客戶對行銷人員說出的慾求。客戶數據庫彙集的不僅僅是客戶的姓名與地址，而應該是一個富有價值並且令人興奮的資訊寶庫。

數據庫行銷策略價值的背後推力是：整合客戶與企業之間所

有相關資訊的能力，以加強客戶對企業的終生價值。

客戶的資料不僅是一個有客戶姓名與位址的檔案。在數據庫裏，除了一般的資料，我們還會加上所謂的「人口統計及消費心理分析」。這是將每個消費者的人口統計及心理統計資料加到數據庫裏的過程。這不只是消費群體代碼，而是詳細而具體的個別人口統計與消費心理的資料。這些資料都來自於對消費者的傾聽。這方面的資訊正是郵寄資料與數據庫間的差異所在，爲了達到行銷新法則的要求，行銷人員需要此類資料來表達對客戶的關心，並與客戶建立關係。

數據庫行銷是一套中央數據庫系統，用來儲存有關企業與客戶間關係的所有資訊，目的不在於獲得或是儲存資訊，而是用來規劃個性化的溝通，以創造銷售業績，具有整合與業務相關的客戶所有資料，並加強客戶終生價值的能力。

不同的企業對客戶的需求不盡相同，消費者市場和組織市場存在顯著區別。爲了使客戶數據庫具有必要的完整性，應該在客戶數據庫中存儲四種類型的資訊。

1. 人口統計數據

客戶數據庫顯然應該包含所有客戶和潛在客戶的姓名。除客戶名單外，還必須儘量記錄所有客戶的相關資訊，來幫助企業進行消費行爲分析。典型的客戶數據庫應包含客戶和潛在客戶以下的統計數據（資料）：

◇ **個人消費者**

姓名、身份證號碼、出生年月、性別、婚姻狀況、家庭結構、教育程度、收入階層、就業狀況、工作性質、生活方式、心理特徵，以及其他相關描述。

◇企業消費者

企業名稱、企業簡介、經營領域、企業規模、經營狀況、主要產品或服務、信用狀況等級、法人代表或採購負責人(也就是採購的最終決策者)，以及關於企業位置的分析等。

2.地址數據

地址數據是與客戶和潛在客戶聯繫的關鍵。同時，它還有助於分析喜歡特定產品或服務的人群的區域分佈。下面是應掌握的有關客戶的一些地址數據：

◇個人消費者

詳細的通信地址、郵遞區號、地址類型(城鎮還是鄉村等)、地區代碼、銷售區域、電話號碼、電子郵件地址、媒體覆蓋區功能變數代碼等。

◇企業消費者

企業名稱、企業名稱的縮寫、詳細通信地址、郵遞區號、主要電話號碼、傳真號碼、電子郵件地址、網址、企業類型代碼、地區代碼等。

3.財務數據

企業需要清楚客戶能否有能力付清貸款及是否願意付款。主要涉及到客戶的信用卡購物、分期付款及支付記錄等方面的情況。

財務數據應包括：賬戶類型、開戶銀行、賬號、第一次訂貨(購買)日期、最近一次訂貨(購買)日期、平均訂購價值、供貨餘額、平均付款期限、信用狀況等級等。

4.行為數據

行為數據是有關客戶和潛在客戶與企業交往的歷史記錄。行為數據能告訴我們客戶過去做過什麼、喜歡什麼、每次購買多少

及購買頻率等，是客戶數據庫中最重要的一類數據。

行為數據包括：

購買習慣、品牌偏好、購買地點、購買數量、購買頻率、購買時間。

回應類型代碼(包括訂購，詢問，對調查活動、廣告活動、促銷活動等的反應)、回應的日期、回應的頻率、回應價值、回應方式(電話、傳真、郵政、電子郵件等)。

每次與客戶進行接觸的時間和方式(信件、電話、人員往來、參加展會等)。每次客戶的抱怨及其解決的記錄、售後服務的記錄等方面的詳細資料。

客戶數據庫為分析客戶資訊提供了方便，通過數據庫，我們可以預測和估計客戶行為以及市場的變化。在變幻莫測的競爭環境中，數據庫無疑為我們提供了一架高倍顯微鏡，讓我們可以更清晰地觀察市場，瞭解客戶，服務客戶。

◀))) 第二節　利用家庭購物信用卡，創造固定客戶

一、百貨公司家庭購物卡

日本各百貨公司的各層樓面都備有該百貨公司的信用卡申購單。各百貨公司都積極爭取卡片會員，還有設置小小的櫃台，附帶說明人員的情形。此外，申購單上大都有負責人員的姓名，這和加入以後的促銷及評價有關。此外，使用購物卡可以省掉找

零錢的麻煩也是吸引力之一。

1. 伊勢丹卡急起直追

最近成長顯著的是伊勢丹卡。「九月開始展開，爭取正式會員的 I 卡，現在已急速增加到 80 萬張」（1989 年 10 月 5 日），由於會員的要求，許多人期待卡片的通用性，所以該公司展開開拓現金借款及加盟店的方針。現金借款服務的 CD 機器，於 1989 年 12 月，在新宿本店已裝設了五部。而且將陸續裝設在各個支店。卡片數也在 1990 年中擴充到 100 萬張。另外，招募會員是由伊勢丹卡片推廣部來進行，而信用業務之管理、營運則由另外的公司株式會社伊勢丹投資公司來處理。

2. 三越卡也有 5%的折扣

1990 年初三越百貨公司在同年 3 月 16 日發行有 5%折扣的家庭購物卡。「從 3 月 16 日發行該公司第一次正式的卡片，將利用商店擴充到包含其他公司的合作商店的集團全體，同時也充實了 5%的優待折扣等優惠」。卡片的名稱是「三越第一俱樂部」，會員的目標人數是 1994 年 100 萬人。根據申購單顯示，加上合作卡片的 JVC、UC、VISA 共四種卡片。也就是說 UC 是主卡，VISA、JCV 則依舊是國際卡，可以說在其他大型百貨公司當中起步略遲的卡片戰略已一口氣趕上，而且加強擴大。

3. 大丸卓越卡

大丸的家庭購物卡卓越卡已經發行 55 萬張，而且也有和 DC、VISA 的合作卡。當然有 5%的折扣，付費方式也有一次付清、分期付款、定額付款（信用付款），在相關商店、海外商店的利用等和其他百貨公司一樣。加上最近和 JTB（日本交通公社）合作，也可以使用在車票、機票等，漸漸提高了通用性。管理公司是株式

會社大丸信用服務公司。

4. 東急世紀卡

東急百貨公司的家庭購物卡是東急世紀卡，這是以 5%的折扣為主的百貨公司卡片，另外還有東急集團卡的東急卡 TOP。後者也有和 DC、VISA 的合作卡，具有國際性和通用性，同時享有東急集團的飯店、各種旅遊、租車、電影院等折扣特惠，是集觀光、休閒於一體的方便卡片。管理公司是株式會社信用一〇九公司。

5. 高島屋卡

高島屋百貨公司也發行高島屋信用株式會社的高島屋卡，以及和住友信用服務公司合作的高島屋 VISA 卡，和 JCB 合作的高島屋 JCB 卡，每一種都附有 5%的折扣優惠，但可以分期付款的只有高島屋卡。

二、百貨公司信用卡的特徵

1. 折扣的優待

從戰爭中到戰爭後，持不二價而建立信用與形象的百貨公司，發行家庭購物卡進行前所未有的折扣銷售是劃時代的創舉。對一部份特定顧客（內部結賬的貴賓、公司行號等）的折價銷售是以前就有的，雖然有很多商品項目不包括在內，在卡片申購單上明白的記載 5%的折扣，這在其他百貨公司是看不到的。

這對一般顧客而言是有很大吸引力的。總希望擁有一兩張自己中意的百貨公司的卡片。這是其他卡片所沒有的特惠，把它當作武器，急速增加會員人數的就是這種以大型百貨公司為中心的流通系統卡片。

2.付費方式的多樣化

選擇分期付款是信用貸款的特徵，但是百貨公司也可以另外設立信用卡管理公司的方式，依據分期付款銷售法案登記爲分期付款購買斡旋業，實施分期付款、信用購物付款。準備好包括一次付清、獎金付清等各種付費方式來讓顧客選擇。

這當中也採用了信用購物付款（在設定的信用限度內，每個月限度支付金額的支付方式），在日本一向不容易穩定，但這是百貨公司家庭購物卡的特徵，是獲得新的、比較年輕的顧客層意識變化的支付方式。

3.通用性較少

百貨公司的信用卡享有文化活動、拍賣等商業活動的招待；百貨公司經營的各種俱樂部、文化教室的優待；以及在系列專門店、餐廳、海外店使用等優惠，但是另一方面通用性較少也是其一缺點。

意外的利用信用卡做現金借款的很多。伊勢丹Ｉ卡也在新宿本店內裝設數台 CD 機器，來因應這種需要，但是消費者未必是要求一張滿足所有事物的卡片。只要是具有特色且有利益的卡片就想要取得，所以使用率也自然提高。

三、領先的 SEZON 丸井信用卡

以西武百貨公司爲主的 SEZON 集團的 SEZON 卡，至目前已經發行了 200 萬張，也和 VISA、MASTER 合作，具有通用性，早已經和一般的信用卡相同。現今也在 1000 個地方裝設了 CD 機器做借款服務，星期六、星期日、假日也可以利用，和卡片公司相比毫

不遜色。也可以使用 SEZON 票來預約及支付電影、舞台劇、音樂會門票。甚至還將處理範圍擴大到證券、保險、金融等。可以說 SEZON 卡早已超越了百貨公司家庭購物卡的範圍。

丸井的紅卡也突破了家庭購物卡的內容，企業策略是以年輕人的為對象，所以這個紅卡早已建立了當日發行的制度，附帶的服務也有旅行、潛水、駕照、裝設電話；或者也可以用在車輛保險、JAF 會員的支付等等，已經成為適應顧客對象的卡片。

因為丸井紅卡本來就是基於分期付款的一種事業形態，所以卡片的使用率很高，幾乎所有的卡片都有消費記錄。從這一點來看，丸井的顧客管理自然較為優越。也就是說發行卡片時可以取得顧客的屬性資訊，購物時可以收集消費記錄。信用貸款管理上的數字當然也有記錄，將這些數據進行綜合管理，寄發 DM。亦即將想賣的商品和想買這些商品的顧客搭配起來，依據過去的購買記錄、商品的傾向、次數、金額等來判斷寄發。

該公司高達 20%的驚人的 DM 回收率，源自於這種顧客管理系統的支援。該公司於 1990 年 4 月開始正式加入信用貸款事業，其原有高達 1000 萬人的顧客名單及其管理系統已佔了很大的優勢。

四、信用卡對顧客固定化的效果

1.信用卡的基本功能和顧客組織化

現在重新來看信用卡的功能，首先是信用貸款功能和結算功能，然後 ID 功能和資訊收集功能。另外，也有身份區別功能。如何運用這些信用卡的基本功能來協助顧客的組織化，則是百貨公司顧客戰略的問題。

①代替卡

1970 年代，銀行系統的信用卡終於開始普及的時候，百貨公司一方面針對優良的個別顧客發行卡片，但僅發行給可以在內部簽賬的顧客而已，並未普及；另一方面計劃發行以一般顧客中的主力顧客為對象的信用卡，但當時在信用調查、信用貸款管理、呆帳催收等業務上並沒有妥善處理方法，而且以百貨公司的名義來執行這些業務有困難。因此許多百貨公司就決定發行和信用貸款公司合作的代替卡，卡片名義上是百貨公司卡，但是信用調查、收款管理等則由信用貸款公司來執行。

這種代替卡看起來像家庭購物卡，但重要的顧客資料都流向信用貸款公司。因百貨公司和信用貸款公司合作，所以可以分期付款，但缺乏通用性則是美中不足。結果雖可以獲得某種程度的會員人數，但使用率卻無法提高。

②合作卡

由於海外旅行非常興盛，所以信用卡必須能在海外使用的風氣越來越高，這一點是和信用貸款公司之間的代替卡無法滿足的，所以最近許多百貨公司已經發行合作卡。另一個理由是，營業額當中卡片公司營業所佔的比率很高，支付給卡片公司的手續費也是一筆很大的金額。改為合作卡的話，由於招攬會員由百貨公司自己進行，當然可以降低手續費。其他公司卡片轉換為該公司卡片的話，則有該公司顧客固定化及手續費降低的雙重利益。

但因為合作卡是高島屋 JCB 卡、或三越第一俱樂部、VISA 卡等雙重卡，所以在競爭對手商店使用的機率也很高。如果管理歸屬於卡片公司，則百貨公司也要考慮可以利用多少顧客數據的問題。

③家庭購物卡

如果以顧客組織化為最優先目的，則家庭購物卡對百貨公司而言，應是最適當的戰略吧。但是必須要解決下列的課題。

・信用管理的方法

需有個人信用調查，和黑名單的對照、付款逾期時的督促方法、其他債權保全方法、信用調查、簽帳款項的回收，以及管理方法的累積。

・資金計劃

隨著會員人數的增加，而實施一定額度的信用貸款，所以需要資金，另外，再加上實施現金借款、各種貸款等，相對的資金調度是有必要的。公司也正需要這種資金調度、營運經驗。

・成立卡片公司

發行家庭購物卡的業務，必須是和以往的百貨公司營業活動範疇大不相同的領域。因此，幾乎所有發行家庭購物卡的百貨公司，都另外設立卡片公司來營運管理。如果將對會員的服務企劃和其營運、取得獨家加盟店的交涉等加以考慮的話，就一定需要別於百貨公司的個別組織。

2.利用卡片的顧客組織化是否有效

①新的顧客組織化的方向

若想發行完全自主的卡片，則由自己來經營卡片公司，經營上的風險也由自己來承擔。

零售事業形態的多樣化，現在任何時間、任何地點都可以買到想要的東西，也就是說商品、商店非常豐富。因此，顧客固定化本身處於困難的局勢。然而生意越困難，競爭越激烈，顧客的固定化越是當務之急。

　　新的顧客組織畢竟需要新的方法。社會上不用現金的趨勢正在加速進行，日本銀行就發表了「卡片的利用額度在這十年當中增加了四倍」的調查結果。開發包含新生活提案的新服務，以及發行附加獨立性家庭購物卡是今後高度消費社會所必需的。

②顧客資訊的系統化

　　在新的顧客組織化上，建立綜合利用顧客資訊的系統是最重要的，成立顧客數據庫，以及會運用這些數據才可以發揮顧客組織化的效果。

　　到目前為止，DM 的名單只是以一個完整的檔案由電腦來管理，簽賬款項的管理是另一項檔案，商品管理又是個別管理。但從今以後，個別檔案都會有所關連，也就是說必須當作是相關數據庫來管理，現在已經進入緊急準備邁向這個方向的狀況了。

③差別化更勝於通用性

　　若要活用顧客數據庫的話，必須儘早達到自己商店的顧客目標人數。首先就是比通用性更重要的差別化的獨特服務，確立特惠優待。現在無論那一種卡片都具有通用性和國際性，顧客所想要的反而是只有某家商店才有的獨特的魅力。

　　現在百貨公司的經營政策是必須確實建立自家的獨特性，才能從其他許多百貨公司、精品店當中脫穎而出，受顧客青睞。家庭購物卡也必須定位為這種戰略之一環的顧客組織化。

　　若能綜合管理所收集的顧客數據庫，活用到促銷、商品企劃及卡片客戶的活躍化上，則家庭購物卡是很有效的顧客組織化策略。

🔊))) 第三節　商場如何建立會員數據庫

　　數據庫是由大量資訊組成的資訊集合。一堆資訊在未被集合前，並不構成一個數據庫，就像圖書館中堆放的書一樣雜亂堆砌在一起。但以特定的方式組合構成系統後，就構成了數據庫，就像對堆砌的書分類彙編整理後，可以很清晰地知道那一本書放在那一個位置上。

　　在建立會員數據庫的時候，要明確這個數據庫是用來幹什麼的，要存儲那些數據資訊？這些數據資訊從那裏來？應該如何去收集數據？數據資訊之間又存在什麼關係？

一、建立客戶數據庫的四大原則

　　一般來說，沒有建立客戶數據庫的企業，每五年就會流失掉一半的客戶。

　　一個內容詳盡、功能強大的顧客數據庫，其數據是整個數據庫系統的重要基石，如果數據有問題，整個數據庫系統就等於是無本之木，無法發揮應有的效用。

　　例如，行銷部門根據客戶數據庫寄出的郵件中，10%的郵件因地址不對而退回。這是為什麼呢？因為系統中的數據不是不準確，就是早已過時。因此，數據是整個數據庫的靈魂，企業在建立客戶數據庫的過程中必須遵循以下幾個原則：

1.盡可能完整地保存客戶資料

現在的數據庫具有非常強大的處理能力，但是無論怎樣處理，原始數據總是最寶貴的。有了完整的原始數據，隨時都可以通過再次加工，獲得需要的結果。但如果原始數據缺失嚴重，數據處理後的結果也將失去準確性和指導意義。

2.區分經營過程中與通過其他管道獲得的客戶資料

企業內部資料主要是一些銷售記錄、客戶購買活動的記錄以及促銷等市場活動中獲得的部份直接客戶資料。這些資料具有很高的價值，具體表現在：首先是這些資料具有極大的真實性，其次是這些資料是企業產品的直接消費者，對公司經營的產品已經產生了理性的認識。

外部數據是指企業從數據調查公司、政府機構、行業協會、資訊中心等機構獲得的數據，這些數據最重要的特徵是其中記載的客戶是企業的潛在消費者，所以是企業展開行銷活動的對象。但是，這些數據真實性較差、數據過時、不能回答企業要求的問題，滿足企業的要求，需要在應用過程中不斷地修改和更正。

3.確保數據庫管理的安全性

企業應確保記錄在電腦系統中的數據庫安全地運行，如果這些數據意外損失或者外流，將給企業造成難以估量的損失。因此，需要加強安全管理，建立數據庫專人管理和維護的機制。

4.隨時更新與維護

數據庫中的數據是死的，而客戶是動態的，因此，客戶的相關資料也應該是活的。企業要想充分享受數據庫帶來的利益，千萬別怕浪費精力和金錢，一定要盡可能地完成客戶資料的隨時更新，將新鮮的數據錄入到數據庫中，這樣才有意義。

二、會員數據庫的內容

　　會員數據庫是企業的重要財富，它使競爭對手要侵佔你的市場佔有率、搶走你的顧客變得更加困難。要建立會員數據庫，就必須進行會員數據採集，會員數據的採集是建立會員數據庫最基礎和最重要的工作。

　　會員數據採集應該收集那些數據？也就是應該把什麼樣的數據資訊放進客戶數據庫呢？一般來說，會員數據庫應該包含個人數據、位址數據、財務數據、行為數據、共用數據等五個方面的資訊。

1.個人數據

　　會員數據庫應該包含會員編號、姓名、年齡、職業、收入階層、工作性質、健康狀況、入會時間、會員級別、消費記錄等所有會員的相關資訊。這些資訊可以幫助企業對會員進行消費行為分析，以便能提供具有個性化的產品和服務。

　　如果數據庫的會員是企業會員，那麼存儲的資訊應該包括：企業名稱、工作描述（客戶主要業務）、部門或分公司、直撥電話號碼、傳真號、電子郵件地址、法人代表或採購負責人（也就是採購的最終決策者）、個人通信數據（有關的聯繫人）等。

2.地址數據

　　位址數據是企業與會員進行聯繫的關鍵，同時，它還有助於分析會員的區域分佈，下面是我們應該掌握的有關消費者的相關資訊：

　　‧公司全名、縮寫、詳細通信地址；

- 主要電話號碼、主要傳真號、電子郵件地址；
- 公司類型代碼（母公司、分公司、分支結構、獨立商戶等）、母公司詳細資料（有關的）、地區代碼、經營領域（採礦業、製造業、化學工業等）；
- 主要產品或服務、僱員人數、營業額級別；
- 銷售區域（省城市場或其他地市級城市）；
- 傳媒區域覆蓋區域（電視、報紙廣告的覆蓋區域）。

3.行為數據

行為數據是有關會員與企業交往的歷史記錄，它能告訴你會員過去做過什麼，每次購買貨款的多少，以及購買的時間和頻率、購買地點、購買原因等，例如：

- 回應類型：不僅包括訂貨、詢問，還包括對調查活動、特價品、競賽活動的反應等；
- 做出上述回應的日期、回應頻率、回應方式（電話、傳真、郵政、電子郵件等）；
- 每次與客戶或潛在客戶進行接觸的時間和方式（信件、電話、人員往來、參加展覽會等）；
- 每次購買的地點、時間、頻率、數量、品牌等。

總之，會員數據庫應根據為直銷活動服務的原則收集登記數據。

4.財務數據

企業需要弄清楚會員能否付出貨款以及是否願意付款，因此，商場的財務數據應包括：

- 賬戶類型；
- 第一次訂貨日期；

・最近一次訂貨日期；
・平均訂貨價值及供貨餘額、平均付款期限。

三、數據收集的兩大途徑

對於實行會員制行銷的企業而言，收集客戶數據資料的來源主要有兩個方面：一是企業自身經營過程中獲得的現有客戶數據，二是通過第三方獲得的潛在客戶數據。

1.利用會員卡收集會員資訊

這部份數據是最重要、最真實的，同時也是企業投入成本最多的數據資料。這些資料的獲得需要較長的時間，需要花費較多的精力和資金。因此，這部份資料的管理和開發，是企業至關重要的部份，也是建立客戶數據庫最根本的需求。這些數據可以從以下途徑獲得：

⑴會員入會申請資料

從會員最初進行會員登記時的各種申請資料上，企業已經獲得消費者的一些基本資訊，包括消費者性別、年齡、職業、月平均收入、性格偏好、受教育程度、居住範圍等，這些資訊對於企業針對客戶進行個性行銷分析提供了可靠的依據。

⑵會員卡消費記錄

會員在持會員卡進行消費結算時，通過讀卡機讀取會員卡，客戶關係管理數據庫就會保存該持卡人的消費記錄資訊，並且將會員此次消費商品的品牌、型號、價格、數量、消費時間等資訊都記錄下來，爲企業以後的增值服務提供可靠的資訊。

這些重要資訊是企業完善會員卡系統進行客戶關係管理的

第一步，也是關鍵一步。沒有這些資訊，在以後的活動中就不能進行準確的定位，就不能進行任何人性化的、個性化的服務。

(3)**經營過程中的其他方式**

數據收集的途徑比較多元化，企業經營過程中舉辦的各種促銷、研討會、講座、市場調研等活動都可收集顧客資訊。收集途徑包括：通過自營店、分銷商、促銷反饋、有計劃的調查等；收集方法包括：顧客服務卡、展銷會資料、報紙雜誌等，最終形成文字檔案加以管理和分類。

· 電話銷售、客戶面談、老顧客介紹等。

· 利用抵用券等促銷：將抵用券贈送給購買金額在一定數量以上的顧客，領卡或使用抵用券時必須填好住址、姓名、年齡等資訊。

· 市場調查活動：通過與產品功效相關的調查，回收問卷收集參加者的資料，因為問卷上設有住址、姓名、年齡、職業等欄目。

2. 從第三方收集潛在客戶資訊

通過第三方可以獲得相關的潛在客戶數據，例如，從行業協會獲得的調查數據、有關機構的調查結果、專業調查公司的數據等。這些數據中的客戶大多數是潛在的客戶，同時由於獲得者無法在購買前完全獲知資料來源的真實性，因此，許多數據是不真實的，需要做抽樣調查，從而提高數據的有效度。

· 黃頁（yellow page）

· 各類媒體

· 展覽會

· 行業協會

第四節　會員數據庫的管理與維護

　　建立客戶數據庫是完善客戶關係管理體系的前提。建立客戶數據庫並進行系統分析是企業留住老客戶、爭取新客戶的重要措施。對於潛在的新客戶，通過研究分析數據庫，可以清晰地勾畫出它們的發展潛力及可能爲企業帶來的效益，從而鎖定目標客戶、實施重點攻關。

一、會員數據庫管理的六大方面

　　在如今的行銷過程中，內容詳盡、功能強大的顧客數據庫越來越不可缺少。對於保持良好的顧客關係、維繫顧客忠誠，顧客數據庫發揮著日益不可替代的作用。

　　其實在美國，早在 1994 年調查就顯示：56%的零售商和製造商擁有強大的行銷數據庫，85%的零售商和製造商認爲在 20 世紀末顧客數據庫必不可少。

　　對會員數據庫進行管理，可以從以下六大方面著手：

1.動態、整合的顧客數據管理和查詢系統

　　所謂動態，是數據庫能夠即時地提供顧客的基本資料和歷史交易行爲等資訊，並在顧客每次交易完成後，能夠自動補充新的資訊。

　　所謂整合性，是指顧客數據庫與企業其他資源的整合，如一

線服務人員的終端根據職能、許可權的不同,可實施資訊查詢和
更新功能,如顧客數據庫與公司其他媒體(郵件、電話、Internet)
的交互使用等。這些要求是進行顧客關係管理的前提條件,在技
術實現上已經十分成熟。

2.基於數據庫支援的顧客關係格式或結構系統

實施忠誠顧客管理的企業需要制定一套合理的建立和保持
顧客關係的格式或結構。簡單地說,企業要像建立僱員的提升計
劃一樣,建立一套把新顧客提升為老顧客的計劃和方法。

航空公司的里程積累計劃——顧客飛行一定的公里數,便可
以獲得相應的免費里程,或根據顧客要求提升艙位等級等。零售
企業通常採用點數或購買量決定顧客的提升程度。

特惠潤滑油公司吸引顧客的一個格式是提供顧客優惠卡——
只要顧客 1 年內光顧 3 次以上,第 3 次就可以享受比正常價 24.95
美元低 3 美元的優惠,第 4 次可以享受低 5 美元的優惠。結果,
90%的顧客成為回頭客。

這個計劃看上去會提高成本、降低收益,但由於生意主要來
自老顧客和慕名而來的新顧客,企業不需要花大本錢做廣告。而
給老顧客寄發提醒通知、提供優惠卡等,比通過廣告來吸引新顧
客花費少得多。因此,這種格式或結構實際上是划算的。

3.建立吸引顧客多次消費和提高購買量的計劃

它不僅是給予顧客享受特殊待遇和服務的依據,同時也有效
地吸引顧客為獲得較高級別的待遇和服務而反覆購買。

4.基於數據庫支援的忠誠顧客識別系統

及時識別忠誠顧客是十分重要的。在每次交易時,給予老顧
客區別於一般顧客的服務,會使老顧客保持滿意,提高他們的忠

誠度。顧客數據庫的一個重要作用是在顧客發生交易行為時，能及時地識別顧客的身份，從而給予相應的產品和服務。

現在多數航空公司都實行了里程積累計劃。對於航空公司的常客，基於數據庫的識別系統在旅客購票時及時檢查顧客已經積累的里程，從而根據顧客的級別主動地提升顧客等級，或給予免費機票等忠誠顧客應該享受的服務。

5.基於數據庫支援的顧客流失警示系統

企業通過對顧客歷史交易行為的觀察和分析，賦予顧客數據庫警示顧客異常購買行為的功能。如一位常客的購買週期或購買量出現顯著變化時，都是潛在的顧客流失跡象。顧客數據庫通過自動監視顧客的交易資料，對顧客的潛在流失跡象做出警示。

特惠潤滑油公司的顧客數據庫在顧客超過 113 天（這個數字已經過該公司多次驗證，是顧客平均的換油時間）沒有再次使用他們的產品或服務，便會自動打出一份提醒通知。

6.基於數據庫支援的顧客購買行為參考系統

企業運用顧客數據庫，可以使每個服務人員在為顧客提供產品和服務的時候，明確顧客的偏好和習慣購買行為，從而提供更具針對性的個性化服務。

讀者俱樂部都在進行定制寄送，他們會根據會員最後一次的選擇和購買記錄，以及他們最近一次與會員交流獲得的有關個人生活資訊，向會員推薦不同的書籍。這樣，讀書俱樂部就永遠不會把同一套備選書籍放在所有會員面前了。

這樣做使顧客感到公司理解他們，知道他們喜歡什麼，並且知道他們在什麼時候對什麼感興趣。這種個性化的服務對培養顧客忠誠無疑是非常有益的。

二、定期對客戶數據庫進行維護

　　無論會員數據庫的規模是大還是小，在日常的管理中必須維護數據庫的平穩運行、及時排除故障、保護數據庫的安全。另外，備份關鍵數據也是其中的一個非常重要的工作環節。

　　1. **數據庫備份的重要性**

　　以下各種原因都有可能造成用戶數據的損壞，而一旦損壞又沒有備份數據時，其後果是很難想像的。所以，數據庫的安全使用、數據庫的備份和恢復是系統正常運轉的重要保證。

- 人為的錯誤（誤操作、工作疏忽）；
- 自然災難（暴風雨、雷擊、火災）；
- 硬體設備損壞（如硬碟損壞）；
- 作業系統崩潰、數據庫系統損壞；
- 病毒或電腦黑客入侵。

　　2. **數據庫的管理要求**

- 性能穩定、品質優良的系統硬體、完善的軟硬體配置是必不可少的條件。
- 擁有一名責任心強、熟悉業務、精通電腦的專業人員是保證系統正常運轉和及時恢復的基本條件。
- 要制定一套嚴格的規章制度，如伺服器必須專人管理，不允許其他未經許可的人員操作；工作人員不得在系統上安裝遊戲軟體，以防帶入病毒，等等。
- 更重要的是，數據庫應該每天備份，並將備份數據存放在安全的地方。

3.數據庫日常維護工作內容

- 數據庫安全性控制；
- 數據庫的正確性保護、轉儲與恢復；
- 定期壓縮數據庫；
- 及時更新客戶數據；
- 定期清理廢舊無用的數據；
- 定期檢查數據是否存在損壞，如發生損壞應及時修復；
- 定期進行數據備份。

如果會員數據中某些客戶已經變更了地址，或者一些客戶從不參加會員活動，那麼企業給他們打電話或寄邀請函就是浪費，這樣的數據應該從顧客數據庫裏刪除掉。

也可能出現因為顧客在兩次訂貨時提供的詳細資料略有差異，客戶數據庫就為同一個人保留了兩條記錄的情況。企業可能會給同一個人打相同的電話而花費多餘的錢，還可能會激怒一些顧客，這樣的客戶記錄應該合併。

三、利用數據庫管理來建立客戶忠誠

會員數據庫是一種行之有效的客戶關係管理模式，通過這種模式，可以鎖定客戶、細分客戶，並給予優質客戶——消費次數多、消費金額大的客戶——以一定的獎勵和價格折扣。客戶管理的核心是抓住客戶，這個「抓」字包含三層意思：

第一層是發現有效的客戶需求；

第二層是留住客戶進行消費；

第三層是留住客戶的心，形成客戶忠誠。

　　數據分析看起來很簡單，但留住客戶的策略措施卻不簡單。行銷者能否分析出大多數忠誠客戶的共同特點，取決於它有無能力建立客戶群體輪廓，掌握不同類型客戶的購買力。根據這些共同特點尋找和贏得新客戶，就會節省行銷經費。

　　管理數據庫、對數據庫進行分析歸類，有助於掌握客戶的需要，並使企業做出相應的改進，還有機會發現離你我而去的客戶，從他們身上獲得經驗教訓。

1. 通過客戶概況分析客戶忠誠度

　　數據庫能幫你認識到那類客戶是應該維繫的，那類客戶很可能離你而去。這種方式幫你向合適的客戶傳遞最佳的資訊。商家需要從客戶那裏得到那些資訊呢？又如何來區分客戶的好與不好、忠誠與不忠誠、有利可圖與無利可圖？

(1)首先識別忠誠客戶

　　衡量客戶忠誠度的資訊來自於數據庫。數據庫是經過整合的歷史資訊，特別是數據庫保留著過去與客戶交易的資訊。如果設立合理的話，數據庫會提供如下的資訊：客戶在什麼時候首次要求成交；客戶參與購買的頻率如何；客戶採用什麼服務；客戶什麼時候接受服務。

　　功能全面提升的數據庫會提供更多的客戶資訊，包括年齡、性別、個人資訊、經濟資訊、家庭位址、家庭狀況、職業等。

　　數據庫在相當長的時間裏記載著整合資訊。變數會隨著時間而改變，當變數發生改變時，新的記錄如快照一樣迅速被加入數據庫來反映這些變化。如此，數據庫中的數據從不更新，而用一系列的快照來建立對所有變化的記錄。這樣就在數據庫內部構造了完備的歷史記錄。

　　在判斷客戶忠誠與不忠誠的時候，這種經過整合的、具體的、歷史性的數據真正起著重要的作用，歷史數據的真實價值在現實模式應用當中便會凸現。歷史數據經由分析、綜合與應用，成為建立記錄概況的基礎，這種概況的記錄為實際運行做好了充分的準備。

⑵分析客戶的忠誠度

　　第一步，建立客戶忠誠分析的環境，旨在發現那類客戶曾經是忠誠的或曾經是不忠誠的。這種資訊通過對數據庫進行簡單的分析就可以得到。

　　第二步，收集並分析這些客戶的記錄，然後得出他們所共有的特徵。可能會得出如下的分析：忠誠客戶是否居住在一個特定的地區？不忠誠的客戶是否大多是中年婦女？忠誠客戶是否喜歡在週末購買？不忠誠的客戶是否不經常接受服務？忠誠客戶做什麼？不忠誠客戶擁有自己的住房嗎？

　　第三步，通過各種方式準確地瞭解忠誠與不忠誠客戶的特徵。可能婦女比男人更忠誠，老年人比年輕人更忠誠，大學畢業的人比非大學畢業的人更忠誠，等等。

　　第四步，收集並分析完忠誠與不忠誠客戶的種類之後，下一步就是要建立概況。概況就是忠誠與不忠誠客戶的相關關係。

　　• 忠誠客戶：男，35～45歲，上薪階層，擁有自己的房子．
　　• 不忠誠客戶：女，18～26歲、45～60歲，失業，租房。
　　這樣關於忠誠與不忠誠客戶的概況就建立起來了。

⑶採取行動

　　數據庫當中的記錄用不同的符號代表不同的類型，如「D」代表不忠誠客戶、「I」代表忠誠客戶。你要能夠一下子說出有多

少客戶處於成爲與不成爲你的忠誠客戶的邊緣。知道誰有可能成爲公司的忠誠客戶，會讓你的公司盡一切可能把處於邊緣的客戶掌握住。

以預測爲基礎，公司能夠採取行動把處於邊緣的與看起來不會忠誠的客戶變成忠誠客戶。其他公司將很難從一個知曉其客戶爲何會成爲忠誠客戶的公司手中搶走客戶。

一旦你擁有了有關客戶忠誠的知識，你就會使網上傳送的資訊多樣化。對忠誠客戶傳送一種資訊，而對潛在的非忠誠客戶可以發送形式各異的資訊。每種資訊都針對一位客戶的偏好，但最重要的就是知道客戶的態度與行爲。擁有這樣的基礎，所有的業務都可能成爲現實。

2.客戶概況分析的現實應用

通過線上的數據收集與定期更改所得出的對客戶概況分析，對於我們在現實當中提升客戶滿意與維繫忠誠起著至關重要的作用。

⑴幫助商家明確認知客戶的滿意度與忠誠度

客戶的滿意度與忠誠度是兩個不可量化的指標。由於種種原因，現今的商家大多只是設立網上問卷，然後得出一般的定性結論，而缺乏一套嚴密、令人信服的量化分析方法。利用這種客戶概況分析，國外現今已實施了對客戶的滿意度與忠誠度進行量化考核的指標。

可資借鑑的方法之一是根據 ISO/DIS 10014《全面品質管制效果指南》中所給出的一些概念，這有助於獲得客戶的質量評價，並設法提高客戶的滿意度。

另一種是由美國密歇根大學商學院教授、CFI 國際集團董事

長福內爾（Claes Fonell）創立的「美國客戶滿意度指標（ACSI）體系」。這套體系為我們提供了一個衡量企業整體經營狀況、支持企業決策的強有力工具。

⑵找準目標受眾體，識別忠誠客戶

許多商家共同犯的一個錯誤就是不斷地擴大自己的客戶範圍，不斷地進行各種各樣的營業推廣，試圖留住所有的客戶，但卻忘記了「不可能留住所有客戶」的原則。

REL 公司的帕蒂（Patty Knapik）說：「首先要清楚這些客戶能否讓你贏利，然後清除那些不想要的客戶。」經過一段時間的重點培養之後，在所選擇的目標受眾體當中應該能夠識別出那些人真正成為了你的忠誠客戶，甚至要進一步明確這些忠誠客戶對於商品的忠誠度所處的層次。線上數據庫基礎上所得出的客戶概況分析就恰恰幫助商家做到了這一點。

⑶有利於實施主流化行銷

現在，越來越多的商家開始應用主流化行銷戰略。實施這一戰略的廠家以免費贈送的形式使客戶大量使用一種工具性的產品（主要是應用軟體），並形成一種由相容所造成的規模（如 WORD、EXCEL 等軟體作業系統）。

客戶熟悉這種產品的使用過程，也就是被商家鎖定的過程，商家通過對產品升級、相關產品的收費等形式來獲得利潤，而消費者因為使用的轉換成本比較大，所以不得不接受這種產品由免費變成收費的事實。電子郵箱由免費到收費就是一個例子。

主流化行銷的戰略是在傳統行銷模式下不能想像的商務形式，電子商務的出現使其成為了可能，並牢牢地抓住了市場。利用線上的客戶概況分析可以獲取一大部份客戶的資訊源，並且可

以把這些客戶進一步地培養成爲企業的忠誠客戶。

⑷**有利於建立有效的客戶關係管理**

有效的 B2C 客戶關係管理形式多種多樣，比較典型的管理方式就是 CRM 以及基於客戶網上數據庫的一對一行銷、會員制行銷及頻率行銷。

首先要建立基於客戶關係的 CRM 系統，在初次以郵寄的方式發出廣告後，根據客戶的反饋由 CRM 系統決定效果最好的那份廣告和細分市場，也就是找出最可能購買產品的人（市場細分）以及如何識別潛在用戶（細分定位）。當 CRM 系統識別出潛在用戶之後，會將相關內容和產品服務資訊傳輸給這些潛在用戶。

會員制、一對一市場行銷與頻率行銷都是通過創建客戶的網上數據庫實現的。這幾種方法都是在對客戶有一定的數據跟蹤的條件下進行的商務活動。會員制向會員提供優惠，使成爲會員的客戶情感有所歸屬；起源於美國航空的頻率行銷一般是以累計積分的形式來培養客戶的忠誠度；而一對一的市場行銷其實是消費者個性化的產物，能夠滿足顧客對產品、價格、運送與服務的個性化要求。

⑸**強化企業的信任度，建立良好的客戶口碑**

提升客戶忠誠度失敗的很大一部份原因是，永遠只從自身的利潤出發來培養客戶的忠誠度。這樣，去掉名目繁多的行銷手段的偽裝之後，客戶看到的是商家伸向他們錢包的手。

如果想真正拴住忠誠客戶，商家首先要做的是從客戶的心理出發，真正爲客戶著想。同時也只有值得信任的商家，才有資格擁有爲其樹立良好口碑的忠誠客戶。而線上的客戶概況分析方法爲強化企業信任度、建立良好客戶口碑，提供了設備與技術上的

支援。

　　美國紐約州錫拉克斯市有一家 AA 蔬果食品店，這是一家成立七十多年的老店，營業面積大約只有 2200 平方米，門面陳舊，但近幾年卻被譽為全美國最好的蔬果食品店。多年來，AA 蔬果食品店能在市場上保持驕人的營業記錄，離不開它獨特的忠誠計劃。

　　AA 蔬果食品店與眾不同的地方，在於它真正瞭解自己的最佳客戶在何處，並且真正為他們提供令人滿意的服務。

1.重點客戶個性化忠誠計劃

　　據 AA 蔬果食品店的首席執行官（CEO）凱瑞·霍金思回憶，凍火雞的銷售就充分反映出菜場行業虛張聲勢的行銷習氣。按照美國的傳統，感恩節期間，每家食品店都給前來採購的客戶一隻免費或幾乎免費的火雞，而不管他們在店裏的花銷有多少。一個感恩節，任何一家小食品店都要為此增加 10 萬到 20 萬美元的成本。但在霍金思看來，這無異於是在獎勵那些串來串去只顧挑便宜貨的人，在一個微利的行業，根本就不值得。

　　終於有一天，AA 蔬果食品店過感恩節時不再給客戶送火雞了，並同時開始獎勵自己的忠誠客戶。獎品是實實在在的現金——買 100 返 15（美元），當場兌現。

　　還有，客戶一個星期之內連續消費 100 美元，就能享受「鑽石級」待遇：包括感恩節期間一隻 16 至 20 磅的火雞——不是凍的，是附近農場提供的現宰火雞；耶誕節來臨之際，還加送一株聖誕樹——是霍金思家族親自選擇的七英尺高的道格拉斯冷杉（對美國中產人家來說是很體面的）。小恩小惠就更多了，春季來臨時鮮菜部就發 25 美分的打折券，客戶攢到一定金額就能實現全

年購物打折的優惠，一段時間後還能獲得各種獎品。

而其他消費者呢？例如說那些只在大減價期間才露面的客戶，不僅是感恩節的免費火雞，他們什麼都享受不到了。AA 蔬果食品店採取的原則是：不跟他們浪費寶貴的時間和金錢。

其實，上述這些做法在今天看來已經不新鮮，商家早已學會了買 100 送 50 的招數。但是買一送一只能一時吸引客戶，如何長期留住客戶，並且創造出新的價值，還得有其他的招數。AA 蔬果食品店的秘訣是設計出針對重點客戶個性化的行銷計劃——忠誠計劃。

AA 蔬果食品店的忠誠計劃一開始就使用了條碼技術，後來又較早地向客戶發放了會員卡。這就使公司能夠通過技術手段瞭解、分析和比較 15000 多名經常性客戶。商店 20 歲剛出頭的運營董事約翰·馬哈爾說:「你常常覺得上這兒買東西的人沒有你不認識的。可我們的分析報告一出來，你就發現有許多花銷很大的客戶，你到現在還不認識；而有一些常客，他們的花銷卻實在不高，這令我們很意外。」

2 「交易忠誠」與「關係忠誠」

AA 蔬果食品店進一步瞭解到了它的經常性客戶的潛力和收入、消費結構。不斷的數據採集加上對獎勵組合的不斷調整，成為 AA 蔬果食品店穩操客戶忠心的「把手」。

霍金思把他們的忠誠客戶分為兩種類型，一種是「交易忠誠」，另一種是「關係忠誠」。所謂交易忠誠者，大體還是只重價格。而關係忠誠者，在 AA 蔬果食品店的價格沒有明顯優惠的時候也會跟它做生意，目的是享用它的客戶服務和所提供的特惠待遇。「這樣我們就把誰是誰（屬於那種客戶）完全搞清楚了。」霍

金思說。

其實，在 AA 蔬果食品店的客戶中，只有 300 多人屬於鑽石級，1000 多人屬於紅寶石級，其他有級別的客戶分屬珍珠級和蛋白石級。剛開始的時候，霍金思以為隨著時間推移，越來越多的客戶會不斷升級，但他後來意識到世界上有大量的只看價格不看服務的客戶，要想打動他們的情感實在不易。正如 AA 蔬果食品店負責資訊服務的董事麗莎‧裴隆說的:「想讓低消費家庭增加支出嗎? 你是沒有多少點子可琢磨的。」

於是，AA 蔬果食品店更加重視對鑽石級和紅寶石級客戶的照顧，它做到了使鑽石級和紅寶石級客戶增加消費，而且是不斷增加。是大戶消費撐起了 AA 蔬果食品店年銷售額 1800 萬美元的業績。以每平方英尺計算，AA 蔬果食品店的每週銷售額是 16 美元，而業內平均水準僅 8 到 10 美元。

在美國整個零售業的純利率在 1%就算走運的時候，作為家族企業的 AA 蔬果食品店卻自稱能夠達到平均水準的「兩倍以上」。考慮到從它的附近直到對門，AA 蔬果食品店面對著包括沃爾瑪在內六家超市的殘酷競爭，這確實是個了不起的記錄。

3.消費大戶的特殊待遇

而麗莎‧裴隆的部份職責，就是保證每一位消費大戶都得到相應的回報和獎勵。她甚至把商店每個部門的消費大戶都做了統計和編排，親自給他們寫感謝信並寄上為他們個人定制的禮品通知；禮品籃內分別放入他們最中意的商品，由部門經理親自把禮品籃交給有通知的客戶。

AA 蔬果食品店每年能保持 96%的鑽石級客戶，以往多年來的客戶保有率達到 80%。不僅如此，它還能從對手那邊挖過來幾

個大戶（一個大戶就足以讓它自豪）。良好的客戶保有率甚至還為
AA 蔬果食品店贏得了供應商的贊許。

　　AA 蔬果食品店把行銷真正做到了客戶的個人頭上。在此基
礎上，它甚至不用再到當地報紙上做促銷廣告，並用每週節省下
來的 6000 美元中的一小半，給客戶投遞促銷通知單。

◀))) 第五節 （企業案例）利用派對創造固定客戶

一、為何舉辦派對（PARTY）

1.促銷由單方面的溝通轉為雙向溝通

　　宣傳單、報紙等以不特定多數客人為對象的促銷效果越來越
小。即使是消費額低、顧客人數多的樣樣具備型專門店，其促銷
媒體和內容也有很大的轉變。例如：

　　•宣傳單……眼花瞭亂型綜合宣傳單→鎖定目標宣傳單
　　•DM……印刷 DM→手寫 DM

這種個別應對化非常明顯。

　　消費額高的服飾專門店，其宣傳單、報紙廣告型的促銷效果
幾近於零。即使 DM 也是一般手寫型 DM，漸漸改變為電話促銷、
派對活動型。愈是銷售高價位商品的企業種類、企業形態，更是
無限的發展雙向溝通。

　　受人矚目的是以派對活動型的促銷為主的顧客組織化、固定
化戰略。

2.發展派對的現象

現在，從個人的派對到正式的派對，所有的派對現象都在增加。從幼稚園的幼兒時候開始就已經舉辦生日派對等活動，派對在商業活動中的出現可以說是屢見不鮮。

派對在辭典中是「某個特定的人為了慶祝、喜事、或是以此更進一步的交往，招待沒有隔閡可以談話的熟人，所開的集會……」。派對和宴會不同的是能享受洗練的知性談話場合。

利用這種派對現象所考量的就是派對活動的促銷戰略。

二、為了提供顧客服務舉辦時髦的派對

1.店面的二樓是派對場地

長野市北石堂町的餐飲沙龍卑彌呼是上田市有限公司萩原商店（平林常雄社長）頗受歡迎的名店（CB）。這家店一開始就打算舉辦派對，一樓是卑彌呼店面，二樓是收銀台和沙龍空間。

店鋪一樓沒有收銀台是其特徵。在一樓購買的客人都要到二樓來結帳，是一種不一樣的系統。這個空檔，客人在寬廣的沙龍接受咖啡服務。銷售員和顧客或是顧客之間玩遊戲、品嘗蛋糕這種面對面的服務是該店的特色。

因此在二樓約 60 平方公尺的客廳，擺設了古典的桌子、傢俱等，設有咖啡吧台等大家聚集的設備。在室內設計上是讓人感覺溫暖、穩重、有格調的時髦空間。

沙龍空間的評語比預料中還好，獲原商店在其他店改裝時依順序加以裝潢，對只考慮到追求效率、追求生產性的經營者而言，簡直是不可思議的構想。

2.舉辦派對的目的

餐飲沙龍卑彌呼利用二樓的沙龍空間作為派對會場。派對以年輕人為對象,是輕便的派對。平林社長表示該舉辦派對的目的是:

①舉辦顧客的派對,擴大生活的一部份。

②提供卑彌呼愛戴者之間的溝通場所。

③期待卑彌呼愛戴者和銷售擔任者之間更深一層的親密感。

特別是③的效果奇佳,顧客對銷售員的對立關係消除了,成為朋友,感情自然好起來,十分具有意義。

這種派對通常是租借 DISCO 或 PUB 場地比較多,但是不可否認的總覺得很庸俗。然而這家商店的派對的確是很溫馨、充滿藝術氣氛,理由是會場在商店的二樓,讓人有在自己家裏開 PARTY 那種安逸的感覺所致。例如用放影機看懷念老片的電影派對等等,什麼派對都可以。

三、製作促使派對成功的顧客名單

1.顧客名單上要有適當的登記人數

經常有人因登記在自己商店的顧客名單上的人數達數萬人之多而自鳴得意,但光是人數多而不是正確掌握名單內容的活的名單,則恐怕只能指望和以不特定多數人為對象的宣傳單相同的效果了。因為任何家庭每天都收到很多 DM,不拆封就立刻丟進垃圾桶。

營業上有適當的規模,同樣的顧客名簿上也應有適當的登記人數。超過了這個數則陷於管理不良,飽受費事和成本高漲所困

擾。

　　適當的顧客登記人數雖因消費額有所不同，但是通常一位銷售員為 300 名，年度銷售額 1000 萬日圓則為 100 名左右，這大概是維持活名單的限度。銷售員三名、年度營業額為一億日圓的商店，其顧客登記人數最好的控制在 1000 名左右。

　　超過適當人數時則提高登記的基礎水準（譬如：年度購買額、來店頻率），最好能提高登記內容的質。

2.顧客名單的收集方法

　　製作顧客名單時，常常看到利用信用卡公司等專業人員、高所得者名單，同學會名單等現成的名單，但是新開幕時是不得已也無法期待其效果的。這種情形的反應率約為 1%。

　　最傳統的名單收集方法是在自己店裏購買的客人所填寫的效果最高，但最好避免只要買東西誰都可以登記的方式，否則登記人數無限地繼續增加，到最後恐怕難以收拾。

　　因此登記的標準只以下列為對象。

　　①人品很好適合成為主顧的客人；②經常到店裏來購買的主顧；③購買高價位商品的客人。

　　也有徹底貫徹原則的商店，不管顧客購買多高價位的商品，第一次都不登記，然後觀察客人的人品，從第二次購買才開始予以登記。

表 3-5-1　主顧卡

正面

相片或速描	〔主顧卡〕No. 登記日　年　月　日 姓名　　　　男、女 地址 電話（住宅・公司） 職業 出生年月日 結婚紀念日 家人 常去的服飾店 興趣	購買記錄					
		年	月	日	項目	貨款	購買時的狀況

反面

電話、DM 記錄				
年	月	日	內容	有否來店

腳的尺寸 （測量日　　年　月　日） 腳長＿＿＿＿＿＿ 腳圍＿＿＿＿＿＿ 鞋的尺寸＿＿＿＿ 腳的特徵＿＿＿＿	

3.聯想顧客長相的名單是最終的顧客管理系統

今天，對顧客而言，好的商店並不是取決於規模大小、優劣，而是漸漸轉向對「具有讓顧客感到賓至如歸的文化氣息的商店」有好評。今後商店和顧客之間的關係已經無限地變成雙向溝通。如此考慮的話，就可以明白，凡是無法連想出顧客長相的名單，空有幾千名的存量也沒有意義。

一般認為銷售員能把顧客長相和姓名連想一致的大約是 100名左右，整理一下顧客名單的話，大約可以記得 300 名。其方法有：

①在顧客的長相和姓名無法一致以前不要登記新的。

②用拍立得拍下顧客的半身相片。

實施這種方法的是 M 縣的 A 鞋店。

在主顧卡的下面有黏貼相片或畫臉部素描的一欄，銷售員一有時間就不斷努力去記顧客的長相，留意直接稱呼顧客的姓名來接待客人。

像這種店來舉辦派對的話應該會很成功。

四、將派對推向高潮的導演技巧

1.第一步從邀請卡開始

派對的起點是從邀請卡開始的，即使派對本身既時髦又豪華，但邀請卡多半只是明信片一張，姑且不論邀請卡的好壞，最重要的是邀請者的誠心。

以前面的例子來說，實際的邀請卡款式是獲原商店本部員工企劃促銷部的田中先生的手工製品，這是將簡易信封由 PPC 影印

機複印的手繪作品。

招待對象是狂熱的卑彌呼愛戴者 50 人,當邀請卡寄到的時候,打電話給顧客確認出席人數。客人以女性居多,所以男性不足時則由公司員工當中挑出懂得穿著的人,將男女人數調整到大約相同。

當天參加人數有 27 人。

2.追蹤派對的過程

開席是下午七點,一上樓梯就有穿著男士晚禮服的女性員工來迎接。全員到齊後,立刻乾杯,面對秀色可餐的餐飲大家打開了話匣。

菜是請中意的餐廳送來的。另外還準備了香檳、雞尾酒、啤酒、果汁等飲料。品嘗美味也暢談各種話題,現場高潮熱鬧。

八點,桌子上的餐飲差不多都裝進肚子裏去了,接著即將開始遊戲。遊戲的內容有:

- 賓果──是派對的必修科目
- 拍賣大會──拍賣各自帶來的東西
- 俄羅斯圓盤──射氣球
- 飛標盤＆空氣槍──用空氣槍射靶
- 猜拳大會

……

遊戲很單純,只要大家覺得興奮就好。當然遊戲要附有獎品才更有氣氛。

3.將派對帶到高潮的力量

舉辦派對並不難,難的是推向高潮,因此部份派對最終只是弄得疲憊不堪而已。

　　派對的主角是司儀，輕鬆詼諧的人適合擔任推動者。也需要具有即興創造的才能。要進入高潮最重要的是司儀本身要玩得快樂。

　　襯托司儀的是遊戲手和攝影師。例如，在新宿丸井舉辦的派對「名流之夜」，遊戲手始終繞著會場走，邀請來賓當中坐著不動的人參加遊戲，攝影師則用拍立得相機為來賓拍照。既可以當場看到相片又可以製造另一陣喧騰，拍照的確能烘托一定的氣氛，同時相片又能充當參加派對的紀念品。

心得欄

第 4 章

由會員制篩選出客戶

第一節　會員數據庫的應用方法

企業建立客戶數據庫後，通過數據挖掘等技術對曾經購買過企業產品的客戶，以及未來可能購買產品的潛在客戶的相關資料進行分析，探尋客戶的消費需求和消費心理。如客戶回頭率的統計和測算、客戶購買動因的調查和分析等，就是對重覆購買企業產品的客戶數量和次數建立一個經常性的監察系統，並能隨時做出分析，制定相關的行銷策略。

有些企業的會員數量成千上萬，一些跨區域發展的企業其會員總數達到十幾萬，有的甚至達到幾十萬。但是，當我們分析和研究這些具體的會員時，就會發現「價值體現」在會員之間存在著極大的差異性。

企業通過對成千上萬名會員資訊的細分，才能夠瞭解到具體

客戶的價值，才能夠清楚地知道對什麼樣的客戶該採取什麼樣的對策，才能夠開展所謂的「一對一行銷」。隨著日積月累，會員的動態資訊、互動資訊就會不斷地膨脹，而處理這些大容量的客戶數據，如果沒有專門的資訊化管理手段的話，是無法將這些資訊變成財富的。

一、如何對客戶數據進行細分

　　有了會員的資料，下一步就是怎樣來加工數據，從而獲得相應的結果。在數據庫中，通常將客戶分爲幾個類別，例如 A 類客戶每年的消費標準是多少，D 類客戶又如何？A 類客戶的消費習慣和決策過程是怎樣的，消費週期如何？不同的企業，關心的重點略有不同，但是有了完整和真實的原始數據，這些需求總能夠從數據庫的分析中得出結論。

　　對會員數據進行細分可以採用以下兩種方式：

1. 運用數據分析程序

　　企業的行銷人員進行行銷策劃和客戶分析時，可以調用數據庫的數據分析程序，利用該程序對每位會員消費者的所有資訊進行分析，並根據各個會員消費者的客戶資料，採用不同標準進行分類列表。

2. 分析消費記錄

　　企業也可以根據會員消費者的消費歷史記錄進行分析，得出每位消費者不同的消費偏好，以及根據消費者消費時間的記錄，分析消費者消費某一商品的週期。

　　由此，企業可以在合適的時間給會員消費者寄去符合其消費

個性的商品目錄，進行非常有效的廣告宣傳，或者直接在合適的時間將某種商品送到合適的會員消費者手中。這樣可以讓消費者感覺到企業時時刻刻都在關心消費者，真正建立起消費者與企業之間的感情。

企業對會員數據進行細分後，可以對不同級別的會員採用不同的激勵方法。例如，對消費量大、品牌忠誠度高的會員應採用特殊待遇及高回報獎勵，形成激勵作用。通常有幾種等級劃分方法：紅寶石、藍寶石、綠寶石；白金、黃金、銀；鑽石、寶石、瑪瑙等劃分方法，可以分別製作成會員卡。

二、對不同客戶，採用不同的策略

會員制行銷獲得成功的一大要素就是定向性地進行客戶維持，根據客戶的價值和需求的不同來區別對待。企業必須通過對客戶進行精確的分類，有針對性地策劃整個忠誠度維持計劃。

從市場細分的角度來講，可有三種方式：

- 對已使用或正在使用企業產品的固有會員，可通過持續的溝通、舉辦大型促銷活動、諮詢熱線、贈送小禮品、郵寄DM、定期舉辦會員活動、專門登門回訪等，穩定其對品牌的忠誠度。
- 對潛在客戶，可以通過講座、社區推廣、口碑宣傳等進行消費引導，使產品成為潛在客戶以後有需要時的首選。
- 對想使用但持不信任或觀望態度的消費者，通過品牌文化和誠摯服務及派發產品資料、組織多樣化趣味性活動，促進購買。

　　企業必須經常瞭解前來購買商品的客戶爲何而來，這樣才能有的放矢地調整自己的產品、服務和宣傳方式，以更好地適應目標客戶的真正需要，培育客戶的忠誠度。因爲即使是購買同樣的商品，不同客戶的購買動機也可能不一樣，有的追求質量，有的講究外觀，有的貪圖方便，有的則喜歡其文化內涵。如果企業提供的產品、服務以及資訊同客戶的購買動機不一致，即使他買了也不一定滿意，下次很可能不再光顧。

　　所以企業必須用一定的方法，瞭解客戶的購買動機，並集中起來加以分析。然後根據大多數客戶或優質客戶的主要購買動機來調整企業的產品、服務或宣傳策略，使企業的產品和服務能真正滿足客戶的需要。這樣，企業和客戶之間能形成一種良好合作夥伴關係，促使企業的客戶成爲忠誠的客戶。

三、戴爾公司的做法

　　美國電腦銷售公司戴爾（Dell）公司，通過網上直銷與客戶進行互動，在為客戶提供產品和服務的同時，還建立自己的客戶和競爭對手的客戶數據庫。數據庫中包含有客戶的購買能力、購買要求和購買習性等資訊。

　　根據資訊，戴爾公司將客戶分成四大類：搖擺型的大客戶、轉移型的大客戶、交易型的中等客戶和忠誠型的小客戶。公司通過對數據庫的分析，針對不同類型客戶制定銷售策略。

　　對於第一類型佔公司收入 50%的大客戶，加強與客戶的直接溝通，利用 Internet 提供特定服務，並有針對性地定期郵寄有關資料，爭取失去的客戶並且贏得回頭客。

　　對於第二類型佔公司收入 20%的大客戶，可以爭取，通過與他們加強溝通並增強銷售部門力量，使其建立對公司和品牌的忠誠度。

　　第三類型佔公司收入的 20%，可以採取傳統的郵寄和電話行銷，以增強其與公司的關係和聯繫。

　　最後一種類型佔收入的 10%，因此只需採取偶爾郵寄的方式來加強其忠誠度。

　　戴爾電腦因其物美價廉的產品和傑出的客戶服務贏得了消費者的青睞，實際上它的核心競爭優勢在於按訂單生產。

　　按訂單生產模式不僅僅是一個管理存貨、供應商關係和客戶行為的工具。隨著戴爾公司搜集到現有客戶和潛在客戶更完善、更深入的資訊，該公司開始實施特殊行銷戰略，以期從現有客戶處挖掘出新的業務，並推出旨在吸引高價值潛在客戶的全新行銷計劃。由於戴爾公司能夠從多個數據點獲取相關資訊，因此它能夠根據客戶對公司的價值對他們進行評級，並根據不同的級別採用不同的行銷策略。

　　因此，企業需要建立一些進行數據分析的功能模組，使數據不僅僅是「死」資訊。通過數據分析功能模組進行數據分析，結合會員消費者在不同時期提供的不同資訊綜合分析，使資訊增值。

📢))) 第二節　如何從客戶數據庫中淘出黃金客戶

　　要針對個別的客戶做好行銷，但是我們無法從人口統計或心理統計中得知個別客戶的需求，而且人口統計與心理統計也無法找出潛在客戶。消費者行為才是最關鍵的，通過對客戶行為的及時全面分析就可以找到他們的特點和潛力所在。

　　分析工具、技術與能力的進步，使得我們可以從客戶數據庫中發掘出刺激消費者購買的差異因素。以事實為基礎的分析可以預測購買偏好，這就是數據庫行銷所要做的事。

　　RFM 被稱做是數據庫行銷的基本法則，根據這一基本法則，就可以找出客戶行為當中的重要資訊。

R(Recency)：最近一次消費

F(Frenquency)：消費頻率

M(Monetary)：消費金額

一、關注最近一次消費

　　客戶的最近一次消費是指上一次購買的時間──客戶上一次是何時來店裏買的東西，上一次購買本公司產品是什麼時候等。

　　最近一次消費是相對的，也就是說，什麼樣的最近一次消費才有意義，依產業不同而有所差異。百貨公司及大部份專賣店要注意近兩三年的數據，且要知道客戶最近一個月或最多幾個月以

內的最近一次消費是何時。家電產品銷售商會保存客戶數據 5 年以上，且以 3 個月或 6 個月為週期追蹤客戶動向。汽車廠商可能以數年來計，而超級市場日用消費品的行銷人員卻希望客戶的最近一次消費發生在上週。如果一名客戶超過 12 週未出現在超級市場，再見到他出現的機會可能只有 10%；若超過 24 週，則降至 5%。

理論上，上一次消費越近的客戶就是比較好的客戶，對提供的商品或是服務也最可能會有反應。或許我們都同意，身處這個成長極限時代的行銷人員若業績有所成長，只能靠偷取競爭對手的市場佔有率，而如果要密切地注意消費者的購買行為，那麼最近一次的消費就是行銷人員第一個要利用的工具。這也就是為什麼 0～6 個月的會員收到行銷人員的溝通資訊多於 31～36 個月的客戶。

最近一次消費的過程是持續變動的。在客戶上一次購買滿一個月之後，在數據庫裏就成為最近一次消費為兩個月的客戶。反之，最近一次消費為 3 個月的客戶進行了其下一次購買，他就成為最近一次消費為一天前的客戶，也就有可能在很短的時間內就收到新的折價資訊。

最近一次消費的效用不僅在於提供即時的促銷資訊，行銷人員的最近一次消費報告可以監督事業的健全度。優秀的行銷人員會定期查看最近一次消費分析，以掌握趨勢。月報告若顯示上一次購買很近的客戶（最近一次消費為一個月）人數增加，則表示該公司是個穩健成長的公司；反之，若上一次消費為一個月的客戶越來越少，則是該公司邁向不健全之路的徵兆。

最近一次消費報告是維繫客戶的一個重要指標。最近才買你的商品、服務或是逛你的商店的消費者，是最有可能再購買東西

的客戶。要吸引一個幾個月前的客戶購買，比吸引一個一年多以前來過的客戶要容易得多。行銷人員應接受這種強力的行銷哲學——與客戶建立長期的關係而不僅是賣東西，與客戶保持往來，並贏得他們的忠誠度。

表 4-2-1 是典型的「最近一次消費」分析報告。在數據庫裏，這種形式的報告通常被稱爲「十等分報告」。十等分報告的作用在於將一整群的消費者分解，在本例中，49596 名消費者就被分成十等分，每一等分大約有 4960 名消費者。本分析以最近一次消費的時間來將消費者分等。

表 4-2-1　最近一次消費報告——消費者十等分消費淨值

消費者			上次消費在那個月前	消費額（元）	消費額所佔比例(%)	累計消費額（元）	累計消費額比例(%)	平均消費額（元）
排名	人數	累計						
1	4960	4960	1	2718589	21.00	2718589	21.00	548
2	4960	9920	1-2	1808340	13.97	4526929	34.97	365
3	4960	14880	2-3	1619543	12.51	6146472	47.48	327
4	4960	19840	3-4	1411692	10.90	7558164	58.38	285
5	4960	24800	4-5	1105024	8.54	8663188	66.92	223
6	4960	29760	5-6	1126903	8.70	9790091	75.62	227
7	4960	34720	6 8	993764	7.68	10783855	83.30	200
8	4960	39680	8-10	914846	7.06	141698701	90.36	184
9	4960	44640	10-12	645525	4.99	12344226	95.35	130
10	4956	49596	12-14	602114	4.65	12946340	100	121
合計	49596			12946340	100			261

在註明「上次消費是在那個月前」的第四欄裏，從 1、2、3 個月往上遞增，代表著每一個等分的最近一次消費的時間。在最上面的等分（1 個月）包含從昨天到 29 天以前的區間內購買的客戶。這種報告也可改為以日、星期甚至年來計算。這樣的分析還有作為管理工具的附加價值，可以顯示每一個等分在被測量的期間裏所貢獻的營業額及其佔公司營業額的百分比。最近一次消費的排名最高者幾乎都是公司營業額的最大貢獻者。因此，每一位行銷人員的目標就是盡可能地讓客戶成為最近常光顧的客戶。

時間久了之後，1 個月的客戶會變成 3 個月的客戶，而有些 3 個月的客戶也可能變成 1 個月的客戶，問題是有多少 1 個月的客戶會一直都是 1 個月的客戶。在不同的時間點上，這種最近一次消費的分析看起來或許很相似，但其內部的變動過程卻可能會相當不同。不過要記住的很重要的一點是，這種分析和一個被即時捕捉到的鏡頭是一樣的，只是這些單點的簡要印象。

表 4-2-1 的分析所顯示的僅是該公司在做分析報表當天客戶最近一次消費的狀況。聰明的行銷人員會定期查閱這類數據，並據此評估事業的發展趨勢——最近常往來的客戶基礎是否擴大了。要讓正在改變心意的消費者回頭是件很不容易的事，但最近一次消費的分析是行銷人員的一項參與指標，如之前所提到的，最近常往來的客戶若減少，則是公司陷入麻煩的警示。

除了最近一次消費的十等分報告以外，在數據庫裏尚有許多以最近一次消費為基礎的資訊可以供優秀的行銷人員利用。想要留住高消費客戶的行銷人員，可以先到數據庫裏去搜索資料。例如，尋找去年一年裏在店裏消費超過 1000 元的客戶、定期買某一品牌食品的客戶，以及過去 3 個月都未曾消費的客戶。接著，就

可以策劃適當的促銷活動。

　　最近一次消費報告也可以幫助行銷人員避免一些會讓客戶不高興的事情。舉例來說，如果你是位打算郵寄折扣資訊給客戶的毛皮商，你若能將去年或至少在幾個月前才買毛皮的客戶剔除，這會是相當明智的舉動。

　　當然，僅僅分析最近一次消費是不夠的，我們還必須考慮客戶消費的頻度。

二、高頻度的客戶就是最重要的客戶

　　消費頻度是指客戶在限定的期間內所購買的次數。最常購買的客戶忠誠度也就最高。增加客戶的購買次數，則意味著從競爭對手處搶奪到了市場佔有率。

　　如果測量的時間是一年，在一年之中購買 3 次的客戶被稱為 3 次客戶，就像「最近一次消費」，這也是一種變動性的測量。在一年的期限內，客戶在進行第 4 次購買的當天，其資料就會被移到 4 次客戶的檔案中。就像「最近一次消費」一樣，「消費頻度」也可以依十等分的方式進行分析。在表 4-3-2 裏，對同一群 59596 名客戶，我們再一次把他們分成十個 4960 名的等分。報告顯示，排名在 10%以前的客戶的平均購買次數為 8 次，而在同一時間，有 60%的客戶僅買過一次。只要行銷人員能將一次購買者變成兩次購買者，就等於從競爭對手處搶得生意，並提高了市場佔有率。

　　許多行銷人員都很驚訝，當他們預備以消費頻度為基礎進行區隔，以便進行促銷時，發現消費頻度最低的客戶(最末的 10%)反應卻最好。怎麼會這樣呢？

原因出在最近一次消費。許多廠商最近往來的客戶大多是第一次購買者，他們被輸入數據庫的時間還不夠久，不能構成消費頻度的記錄。這更證明了最近一次消費的價值。

我們在看數據庫的資料時，首先要注意的是，所看到的東西往往不是表面的那個樣子。數據庫行銷的工具跟其他工具一樣，需要通過訓練和積累經驗才能夠專業地運用。

表 4-2-2　消費頻度十等分報告──客戶十等分消費淨值

客戶			消費額（元）	消費額所佔比例(%)	累計消費額（元）	累計消費額比例(%)	平均消費次數	平均消費額（元）
排名	人數	累計						
1	4960	4960	37766	34.94	37766	34.94	8	120
2	4960	9920	17242	15.95	55088	50.89	3	123
3	4960	144880	11619	10.74	66627	61.63	2	124
4	4960	198400	9920	9.17	76547	70.80	2	110
5	4960	24800	6282	5.81	82829	76.61	1	124
6	4960	29760	5212	4.82	88041	81.43	1	122
7	4960	34720	5080	4.70	93121	86.13	1	146
8	4960	39680	5010	4.64	9s131	90.77	1	112
9	4960	44640	4994	4.62	103125	95.40	1	106
10	4956	49596	4962	4.60	108087	100	1	115
合計	49596		108087	100				120

把十等分分析當做是一個「忠誠度的階梯」，其訣竅在於讓客戶一直順著階梯往上爬，就是要將兩次購買的客戶往上推成 3 次購買的客戶，把一次購買者變成兩次購買者。

在表 4-2-2 中，我們可以看到有 6 個等分的客戶僅進行了一次購買。如果這 29765 名客戶有一半變成兩次客戶，行銷人員便可增加超過 100 萬元的營業額。如果再加上客戶管理，對維繫客戶而言，這是個相當重要的工具。有些公司每月會爲業務人員準備三份表單：

第一份表單：依據最近一次消費及消費頻度的資料顯示，列出上個月應購買的客戶。

第二份表單：上個月確實有購買行爲的客戶。

第三份表單：沒有購買的客戶。

三、發掘高獲利客戶

除了客戶消費的頻度之外，還必須考慮到在一定時期內的消費金額。利用消費金額方面的數據，可以獲取許多有意義的客戶資訊。

消費金額這個工具有許多運用方式。表 4-2-3 被稱做消費金額的十等分報告。49596 名客戶系依據所消費的金額來排名，本範例的檔案是客戶在兩年之間購買的情形，行銷人員利用這個檔案能很容易地列出今年、去年或是上週的客戶購買資料。

如果你的預算不多，而且只能提供服務資訊給 2000 或 3000 個客戶，你會將資訊郵寄給貢獻 40%營業額的客戶，還是那些不到 1%營業額的客戶？數據庫行銷有時候就是那麼簡單。請記住，雖然範例中的公司並不大，僅有不到 5 萬名客戶，但是所做的分析與有數百萬客戶基礎者是一樣的，惟一不同的是，這樣的行銷知識所節省下來的成本會很可觀。

表 4-2-3　消費金額十等分報告——客戶十等分消費淨值

客戶			消費額（元）	消費額所佔比例(%)	累計消費額(元)	累計消費額比例(%)	平均消費次數	平均消費額（元）
排名	人數	累計						
1	4960	4960	5926021	45.77	5926021	45.77	1195	
2	4960	9920	2258910	17.45	8184931	63.22	455	
3	4960	14880	1448198	11.19	9633129	74.41	292	
4	4960	19840	1024694	7.91	10657824	82.32	207	
5	4960	24800	759128	5.87	11416952	88.19	153	
6	4960	29760	560472	4.33	11977424	92.52	113	
7	4960	34720	409396	3.16	12386820	95.68	83	
8	4960	39680	289556	2.24	12676375	97.92	58	
9	4960	44640	181659	1.40	12858034	99.32	37	
10	4956	49596	88035	0.68	12946339	100	18	
合計	49596		12946339	100				261

　　但也要記往，那些最近一次消費隔很久、消費頻度也很低的客戶，有可能也會是花費最多的，平均達 1195 元的客戶。要找出這些超級買家的一個方法是，把最上層的這 4960 人的等分從數據庫中區隔出來，再進行十等分分析。這樣，每一等分僅剩 496 客戶，我們可以在接近上層的部份將這些對象找出來。

　　另外一個找出大量購買者的方法是，將同一份消費金額資料再進行一次十等分的購買分析。消費金額的分析是將 49596 名客戶分成十等分，再看每一等分的花費是多少。而表 4-2-4 則是將

總消費金額 12946339 元分成十等分,分析每一等分的客戶人數有多少,再據此排名。

表4-2-4　客戶金額十等分報告——消費淨值等分

排名	消費額 (元)	累計 消費額 (元)	消費 人數	消費人 數比例 (%)	累計消 費人數	累計消 費人數 比例(%)	平均 消費額 (元)
1	1293261	1293261	357	0.72	357	0.72	3623
2	1293389	2586650	724	1.46	1081	2.18	1786
3	1294026	3880676	1126	2.27	2207	4.45	1149
4	1294497	5175173	1590	3.21	3797	7.66	841
5	1294355	6469528	2132	4.29	5929	11.95	607
6	1294525	7767053	2861	5.77	8790	17.72	452
7	1294367	9058420	3984	7.85	12684	25.57	332
8	1294441	10352861	5513	11.12	18197	36.69	235
9	1294551	11647412	8450	17.04	26647	53.73	153
10	1298927	1294339	22949	46.27	49596	100	57
合計	12946339		49596	100			261

有足夠的證據讓人明白維繫客戶的價值何在,如果該公司失去其最上層的 357 名客戶,至少要找到 1400 名一般消費的客戶才能夠彌補損失。換言之,該公司每流失一個上層的客戶,就要找到 7 個新客戶才能打平。

僅 1081 個客戶,佔客戶總數不到 3%,就貢獻了該公司 20% 的營業額。對這些客戶,行銷人員要花多少心力才算夠?

許多零售商以獲利與銷售來看待客戶價值。在可口可樂公司

的一份研究報告中，公司總裁 Brian Woolf 強調，與其他的客戶相比，最好的客戶每週到超市的次數較多，每次花費也較多，所創造的利潤也較高，因此應當多得到一些照顧。計算每一位客戶所貢獻的利潤，可作爲針對不同客戶將商品及服務差異化的依據，同時也造就了利用客戶分類管理的可能性，以達到提高競爭力的目的。

四、綜合 RFM 分析：淘出黃金客戶

在利用了以上的三個指標以後，我們更應該將三者綜合使用。行銷人員可以利用一種結合最近一次消費、消費頻度、消費金額等資料來做客戶檔案分類的報告。表 4-2-5 是綜合的 RFM 指數，這項指數以最近一次消費、消費頻度、消費金額的五等分報告爲依據。除了其每一行代表 20%的客戶之外，五等分報告看起來就和十等分報告一樣。在這個例子當中，最上層的第一等分編號爲「A」，往下依次編列第五等分的「E」，消費頻度及消費金額的五等分報告也採用同樣的編號方式。

行銷人員可以列出可用的 125 個組合中的任一組合。在範例的報告當中，第一列表示客戶在三個報告中都被評爲 A 等；第二列表示客戶在最近一次購買的報告中列名第二等分，在消費頻度及消費金額兩報告中則列名第一等分。這是行銷人員檢查最近一次消費、消費頻度、消費金額等不同價值組合而進行區隔的捷徑。十等分的區隔也可以同樣的方式運用，行銷人員之所以會選擇五等分報告進行這項工作，是爲了讓組合的數目更易於管理。

表 4-2-5　RFM 目錄表

目錄	客戶	客戶人數（元）	購買額（元）	購買額（%）	平均購買次數	平均消費額（元）
AAA	596	0.84	301500	5.43	50	57.50
BAA	7979	1.12	307800	5.54	8	43.00
BBA	3210	0.45	71500	1.29	22	72.50
BCB	3210	0.45	71500	1.29	22	117.00
CAA	6490	0.91	223800	4.02	34	354.50
CBA	6493	0.91	143350	2.58	22	55.00
CCA	1441	0.20	21350	0.38	14	80.75
DAA	2118	0.29	29500	0.53	13	85.50
EAA	6420	0.90	30150	0.54	5	32.80

　　行銷人員利用這項 RFM 分析工具來預測促銷結果。由於知道有些名單根本不會帶來任何的利潤，所以沒有寄發信函給名單上所有的人，而是從 RFM 的每一個單位中，再細分一些有利潤的小單位，進行試寄。如果公司的名單沒有大到可以發展出 125 個單位，可以改用三等分的方式來建立 27 個單位。

　　從收入中扣除郵寄成本，對試寄結果的分析顯示，不少 RFM 的單位能達成收支平衡或者創造更好的結果。新產品上市時，只要郵寄給 RFM 中那些看起來會有利潤的回應單位即可。事實上，大部份的行銷人員會將測試回應率打九折，因為通常正式的銷售展開後所表現出來的結果與測試的結果是不會一樣的。在大部份的情況下，行銷人員都會花一點錢在測試上，不過花小錢卻可以

換取最終的成功促銷。

該指數之所以要顯示平均購買次數、每次交易的平均消費額等數據，是因爲這樣做可以讓行銷人員評估每一單位的價值的。

舉例來說，雖然 CAA 單位的客戶最近一次購買隔很久，但是消費頻度及消費金額很高，因此還是有對其進行行銷活動的價值；BCB 單位的客戶最近一次消費不是隔得很久，而且消費金額也不是最高，但若能說服他們來消費，他們每次的造訪平均也有117 元的消費額，這群客戶還是有其價值。

讓我們再來回顧一個 RFM 的基本法則：最近一次消費、消費頻度以及消費金額，這看起來或許簡單，然而能把簡單的事情做好的人並不多，當務之急還是先要構建良好的客戶數據庫。

📢))) 第三節 （企業案例）會員卡可鞏固老客戶

一、發行兩種家庭購物卡

尼曼·馬卡斯百貨公司總公司在德州的達拉斯，從美國南部到東部共有 22 家店面，1985 年的營業額約 9 億美元。

該公司是以高級專門店而聞名全美，德州人都以「德州產的高級專門店」而自豪。

在流通業界裏，不單是一家高級專門店：而且還以「顧客管理」非常卓越因而能持續安定成長，而且還以高收益等在美國以外還廣爲世界各國的流通業界人士所知。

尼曼‧馬卡斯百貨公司自誇的「顧客管理」的第一步是顧客固定化，因此採用「尼曼‧馬卡斯卡」和「貴賓卡」兩種卡片的會員制。

二、購物限定使用家庭購物卡

要享受尼曼‧馬卡斯百貨公司的個人購物服務，首先必須要成為尼曼‧馬卡斯家庭購物卡的會員。

那是因為在尼曼‧馬卡斯百貨公司，除了尼曼‧馬卡斯購物卡以外不能使用其他的購物卡。因此在尼曼‧馬卡斯百貨公司的營業額中，來自於家庭購物卡的就佔了 75%。

在每人平均持有三張卡片的美國，尼曼‧馬卡斯百貨公司除了該公司發行的家庭購物卡以外其他一概不予承認，是由於下列各種原因。

①已經建立了持有尼曼‧馬卡斯信用卡就是「值得信賴的高所得者」的身份地位象徵。

②使用該公司卡片就不必付信用卡公司手續費，所以這部份除了可以提高公司利潤之外，同時還可以回饋為顧客服務。

③由於入會資格比其他卡片公司還要嚴格，所以可以減少不良債權的發生。在美國，一般信用卡所發生的不良債務高達全部的 4.2%，這當中有 45%宣告破產，完全無法回收。

④分析顧客的購物資訊，可運用在商品設計和促銷宣傳上。

三、利用付款條件嚴格選擇會員

但是，對希望加入尼曼·馬卡斯家庭購物卡會員的顧客，並非是一開始就區分為「您沒問題」或「您條件不符」，姑且讓希望參加的任何人都可以成為會員，再技巧的設計其差別化。

要加入尼曼·馬卡斯家庭購物卡會員，只要填寫放在店裏的一定格式的申請單，誰都可以成為會員。但是，事實上還是有限制的。那就是分期付款的每個月支付金額的底限比其他商店高出許多，由支付的狀況對所得低的人加以限制。這是一種差別化政策。

據尼曼·馬卡斯百貨公司表示，尼曼·馬卡斯卡的每一次最低支付額是全美零售業中最高的。因此，對使用者而言「持有尼曼·馬卡斯卡片」就代表所得在一定水準以上，是一種身份地位的象徵。

然而，雖然尼曼·馬卡斯百貨公司從南部到東北部只有 22 家店面，但是由於是全美聞名的高級專門店，所以目前信用卡的發行數量已高達 100 萬張。而且，會員的分佈遍及全美和全世界。

海外會員之所以很多，那是因為對海外來的旅行者發行卡片時，設想了只要出示美國運通金卡或是綠卡和護照，早上申請下午就能拿到的方便性。

這些會員當中持續 50 年以上的老客戶很多，而另一方面中途退出的也不在少數，所以該公司一直努力在增加會員人數，總公司今年平均每個月必須增加 2000 名，照比例來算則今年需要增加 24000 名的新會員，所以積極的邀約現金購物的顧客。

四、對逾期付款者分五個階段強制收回

信用卡逾期付款的情形，因為會員增加而且擴大的原因，比以前增多，其對策如下所述，分階段收回，最後階段訴諸法律處置。

首先，第一階段是逾期付款，逾期 60 天，電腦會自動打出催繳單，經信用部門核對後寄出。

第二階段是逾期付款超過 90 天，由銷售擔任者用電話催收。

第三階段是逾期付款超過 120 天，進入這個階段則銷售擔任者用電話詢問今後的付款計劃。其內容是聯絡餘額一次付清、或分四次付清等等。如果是一次付清不必負擔利息，分期付款時則須加收利息。

第四階段是不履行第三階段的約定，逾期 150 天的情形，首先由公司來催收，催繳無效時則採取法律途徑來解決。

第五階段也是最後階段，既使採取到第四階段的手段依然不付而超過 180 天的情形，則委託討債公司催收。

總而言之，先讓銷售擔任者催收，最後則以法律程序來催收。

五、發行貴賓卡給貴賓

顧客服務的第二階段是利用貴賓卡對上賓提供重點式服務。要成為這個會員必須在前一年使用尼曼‧馬卡斯卡消費 3000 美元以上，一年當中能有這些消費的客人就成為貴賓卡的貴賓。

然後，對持有這種貴賓卡顧客，該公司提供下列的會員服務

和重點服務兩種。其服務內容具有兩項特色，其中之一是搭配組合各式各樣的服務，其二是依照消費額的增加漸漸提升服務的內容。

最高級的重點服務是 F 級服務，一年購買 25 萬美元，就有可以匹敵零售小商店一年分營業額的美夢成真的購物服務。顧客服務是需要有這種夢想的。

然而每年接受這種 E 級服務的顧客多達 30～40 組，不愧是自誇美國第一的高級專門店，真令人吃驚。

六、貴賓的優待服務

會員服務有下列各項：

①免費贈送「貴賓季刊」，內容報導會員的有趣企劃、預定舉辦的活動、新產品介紹、演藝圈話題等。

②可以利用會員專用的免費電話 800 號來訂購、詢問。

③免費訂閱 DO BLE VANITY FAIR 或 THE LOB REPORT 其中一本雜誌。

④購買 25 美元以上送禮用商品可以要求免費包裝。

⑤事先告知想要記住的生日或要記錄下來的日期，會在兩個禮拜前通知提醒。

⑥在尼曼·馬卡斯百貨公司購買文具時，可以免費印上姓名。

⑦喬遷時只要一通電話，就會將新地址代為通知朋友或其他信用卡公司。

⑧ 30 分鐘前用會員專線免費電話聯絡，可以代為預約一切餐廳。

⑨事先登記所有信用卡號碼，如有遺失會代為聯絡發行公司。

七、累進制的豪華重點服務

貴賓卡會員消費每滿一美元，立即附贈一點貴賓點的服務，依據點數分別可以享受下列各級的服務：

A 級服務：

6001 點至 12000 點，每年五次新鮮的巧克力，以及情人節時送給您最愛的人情人節巧克力。另外還送一年份印有姓名的便條紙、信紙、信封等整套的文具，一年三次選擇新發行書籍或古典書籍。

B 級服務

12001 點至 30000 點，每年三次在有名藝廊選購的水晶玻璃製品、每年招待四次美國紳士全餐、世界知名的新鮮魚子醬，由以上三項選擇其一。

C 級服務

30001 點至 60000 點，由客人所選擇的尼曼・馬卡斯街上任何一家高級飯店的雙人份午餐。還附有尼曼・馬卡斯美容沙龍的服務和第一俱樂部的空中旅遊。

D 級服務

60001 點至 10 萬點，觀賞全美有名的體育競賽或藝術展覽，例如從波士頓交響樂團、男爵與我舞蹈團、芝加哥國際劇場季等任選其一，都是以頭等來招待。活動如果屬於慈善表演的時候，捐款則由尼曼・馬卡斯來支付。

E 級服務

100001 點至 25 萬點，招待雙人份倫敦一週旅遊。機票和飯店都是頭等的。

F 級服務

250001 點以上，尼曼·馬卡斯的皮草型錄的攝影旅行。這個旅行遍及阿拉斯加的北岬、蘇聯聯邦、泰國的熱帶叢林、積雪的安地斯山。另外還有以頭等招待雙人份奧林匹克等世界性活動。

心得欄 ------------------------------

第 5 章

規劃會員制行銷技巧的重點

第一節　會員制的類型

結合會員制行銷的目標，明確了要針對的是什麼樣的目標客戶群後，應進一步明確是採用限制型計劃還是開放型計劃。只有明確了以上問題之後，結合細分市場客戶的價值需求，企業才可以確定到底是要採用什麼樣的會員制計劃。

一、會員制計劃的兩大類型

據德國進行的一項會員制計劃調查顯示：在所有的會員制計劃中，26%是開放型的，其餘 74%都是限制型的，而且相當一部份的會員制計劃對會員入會作了嚴格的條件限制。

一般來說，客戶會員制計劃可以分為兩大類：開放型會員制

計劃及限制型會員制計劃。

1.開放型會員制計劃

開放型計劃是允許任何人加入的，通常沒有正式的申請過程。因爲開放型計劃不需要交納入會費或年費，在某些情況下甚至無需填寫申請表（購買產品即自動成爲會員），因此，開放型會員制計劃可以吸引大量的會員，可以建立起一個更廣泛的會員基礎。

逛商場時，在名牌服飾店購買了一條 500 元的裙子。該店的店員贈送了一張會員卡，並告訴你說你已經成了該店的會員。根據規定，以後到該店每消費 100 元就可積 1 分，當積滿 10 分時，你就可享受 8 折優惠。

開放型計劃可以吸引潛在客戶和使用其他品牌的客戶的注意，讓他們有更多的機會接觸公司的產品和品牌，同時也使企業有機會與他們進行對話交流。但因爲開放型會員制計劃的會員資格太容易獲得，所以會降低會員資格的價值感。

開放型會員制計劃具有以下優點：

· 可以接觸到更多、更廣泛的客戶；
· 數據庫更完善齊全；
· 可以更容易接觸到潛在客戶和競爭者的客戶；
· 在對數據進行分析後，可對客戶群進一步細分並確定與細分客戶群的溝通方法；
· 會員人數眾多有利於會員制計劃達到臨界狀態，使會員制計劃達到規模效益。

2.限制型會員制計劃

限制型計劃是對會員資格有所限制，不是任何人都能加入

的。客戶只有經過正式程序，例如，辦理了填寫申請表、交納入
會費等相關手續，才能獲得會員資格。在某些情況下，客戶必須
符合一些規定的標準才能成為會員，例如購買一定數量的產品、
一定的年齡要求等。

　　麥德龍是德國最大和最成功的零售集團之一，他們一直以來
都是採用「會員制」，並且規定只有申請加入並持有「會員卡」的
客戶才能進場消費，沒有會員卡的消費者不能進入商場。

　　另外，對於會員資格，麥德龍還有特別的規定，會員必須具
有法人資格，如酒店業、餐飲業、中小型零售業、工廠、學校及
政府機關等。客戶若要申辦會員卡，就必須提供所屬公司的營業
執照複印件、法人身份證原件、持卡人的身份證明和介紹信等。

　　像麥德龍這樣對會員資格的取得設定了詳細的限制，屬於典
型的限制型會員制計劃。企業通過設定一些入會的條件，達到有
效過濾那些不符合要求的客戶，從而保證加入會員制計劃的會員
都屬於主要的目標客戶群。

　　限制型會員制計劃具有以下優點：

- 入會費收入能幫助企業收回成本；
- 入會的先決條件有助於鎖定目標客戶群；
- 入會限制條件會讓會員資格更有價值；
- 清晰確定會員結構，使溝通變得更有效，
- 入會條件限制有效控制了會員的人數，從而降低了成本；
- 交納入會費提高了會員的期望，從而迫使企業管理層不斷
  提高它所提供的價值。

適合採用限制型會員制計劃的企業：

- 對現有客戶和潛在客戶瞭解甚少；

· 有長期的、高額的預算；
· 正處於未經過細分的市場；
· 處於 B2C 的市場環境中；
· 企業的產品是同質化產品。

為了將精力集中在主要目標客戶群上、限制財務投入並控制風險以及通過更有效的溝通來提高效率，在大多數情況下，採用限制型會員制計劃對企業更有利。事實表明，人們更願意選擇加入限制型會員制計劃。

二、會員制計劃的四種模式

近年來，隨著以累計積分為主要形式的會員制計劃在各行各業的廣泛應用，企業設立會員制計劃的模式有向縱深多方面發展的趨勢。一些企業通過與其他行業合作夥伴的聯盟，共用和擴大顧客資源，分擔積分壓力；也有些企業通過與細分市場的互動溝通，加深與消費者的情感聯繫和對消費者的瞭解。

會員制計劃模式包括獨立積分計劃、積分計劃聯盟模式、聯名卡和認同卡模式和會員俱樂部模式。

1.獨立積分計劃

獨立積分計劃指的是，某個企業僅為消費者對自己的產品和服務的消費行為和推薦行為提供積分，在一定時間段內，根據消費者的積分額度，提供不同級別的獎勵。這種模式比較適合容易引起多次重覆購買和延伸服務的企業。

在積分計劃中，是否能夠建立一個豐厚的、適合目標消費群體的獎勵平台，成為計劃成敗的關鍵因素之一。很多超市和百貨

商店發放給顧客的各種優惠卡、折扣卡都屬於這種獨立積分計劃。

　　獨立積分計劃對於那些產品價值不高、利潤並不豐厚的企業來講，有很多無法克服的弊端，最爲重要的難點是成本問題。自行開發軟體，進行數據收集和分析，這些都需要相當大的成本和人工。

　　其次，很多積分計劃的進入門檻較高，能夠得到令人心動的獎勵積分的額度過高，而且對積分有一定的時效要求。這樣做雖然符合 80/20 原則，將更多的優惠提供給高價值的顧客，也有助於培養出一批長期忠實的客戶，但這樣做也流失了許多消費水準沒有達到標準的準高價值客戶。

　　另外，隨著積分項目被越來越多的商家廣泛使用，手裏持有多張積分卡的客戶會越來越多。這些客戶在不同的商家那裏出示不同的會員卡，享受相應的折扣或者積分優惠，卻對每一家都談不上忠誠。

2.積分計劃聯盟模式

　　聯盟積分，是指眾多的合作夥伴使用同一個積分系統，這樣客戶憑一張卡就可以在不同商家積分，並儘快獲得獎勵。與企業自己設立的積分計劃相比較，聯盟積分更有效、更經濟、更具有吸引力。

　　目前世界上最成功的聯盟積分項目是英國的 NECTAR，積分聯盟由 NECTAR 這個專門的組織機構設立，本身並沒有產品，只靠收取手續費贏利。項目吸引了包括 Barclay 銀行、Sainsbury 超市、Debenham 商場和 BP 加油站等很多企業加入。

　　顧客憑 NECTAR 卡在特約商戶消費，或者用 Barclay 銀行卡消費者，都可獲得相應積分，並憑藉積分參加抽獎或者領取獎品。

NECTAR 因此把消費者對他們的忠誠轉變成對特約商戶的忠誠，並由此向特約商戶收取費用。在很短時間內，NECTAR 就將 5880 萬英國居民中的 1300 萬變成了自己的客戶，並從中取得了巨大的收益。

除此之外，航空業也普遍採取這種聯盟形式。現在，更是出現了航空業、酒店業、租賃業等跨行業的聯盟。

這種聯盟最大的問題，是聯盟的商家實力不對等。例如，航空公司與國外戰略夥伴在國際航線上的競爭力往往不對等，如果大量旅客在國際航線上積累里程，而到國內市場兌換免費機票，將對航空公司造成衝擊。因此，在談判聯盟協定時，對這些問題要加以考慮。

企業是選擇單獨推出積分計劃還是選擇加入聯盟網路，是由企業的產品特性和企業特徵決定的。如果企業的目標客戶基數並不是很大，主要通過提高顧客的「錢包佔有率」、最大限度地發掘顧客的購買潛力來提高企業的利潤，則推出獨立積分卡較合適，聯盟積分卡可以通過互相提供物流、產品、顧客資料方面的支援，降低企業的各種壓力，使企業能獲得更多的新的顧客資源。

3. 聯名卡

聯名卡是由非金融界的贏利性機構與銀行合作發行的信用卡，其主要目的是增加公司傳統的銷售業務量。

美國航空公司（American Airline）和花旗銀行聯名發行的 Advantage 卡就是一個創立較早而且相當成功的聯名卡品牌。持卡人用此卡消費時，可以賺取飛行里數，累積一定裏數之後就可以到美國航空公司換取飛機票。美國電報電話公司的 AT&T Universal Card 也是很受歡迎的聯名卡，它通過對客戶長途電話的

折扣與回扣，擴大了顧客群，提高了競爭力。

4.認同卡

認同卡是非營利機構與銀行合作發行的信用卡，持卡人主要為該團體成員或有共同利益的群體。這類關聯團體包括各類專業人員。持卡人用此卡消費時，發卡行從收入中提成出一個百分比給該團體作爲經費。運動協會（如美國橄欖球協會 NFL）、環保組織、運籌學管理科學協會的認同卡就是這方面的成功例子。

積分計劃聯盟模式的不同點在於，聯名卡和認同卡首先是信用卡，發卡行對聯名卡和認同卡的信貸批准方式與一般的普通信用卡很接近，它們的運營和風險管理也有許多相通之處。在管理方式上，銀行需要與合作的營利公司或非營利團體簽有詳細的利潤分成合約。就市場滲透的角度而言，針對有一定特殊共性的消費群體來設計品牌，是一種極好的市場細分的手法，對加強信用卡發行單位和簽約單位的顧客忠誠度非常有效。

5.會員俱樂部

有的企業顧客群非常集中，單個消費者創造的利潤非常高，而且與消費者保持密切的聯繫非常有利於企業業務的擴展。他們往往會採取俱樂部計劃和消費者進行更加深入的交流，這種會員制計劃比單純的積分計劃更加易於溝通，能賦予會員制計劃更多的情感因素。

🔊))) 第二節　會員制行銷的七大流程

　　知己知彼，方能百戰百勝。企業在進行會員制規劃之前，必須詳細瞭解自己的現狀，特別是「產品是否具有競爭力」。因爲客戶忠誠是建立在客戶滿意及價值之上的，只有產品具有競爭力，會員制行銷才能行之有效。在全面瞭解目前企業及產品的狀況後，須完成以下工作：

1.明確實行會員制的目標是什麼

2.會員制的目標客戶群是那些人

　　因爲回答這兩個問題對你要制定那種類型的會員制計劃有非常大的影響。其中，目標客戶群的選擇與會員制爲會員提供利益有著直接的關係。因爲每一種目標客戶群都有自己的偏好，要求得到的利益也有不同。

　　某著名諮詢公司針對製造業的一項研究表明，通過關注並跟蹤企業的客戶保留情況，設定相應的客戶忠誠度計劃和目標，努力實現並超越既定目標的企業，能夠比那些沒有該忠誠度計劃的企業提高 60%的利潤。

3.你是否有為會員選擇正確的利益

　　這是會員制行銷中最重要也最複雜的部份。會員利益是會員制的靈魂，它幾乎是決定會員制行銷成功或失敗的唯一因素。因爲只有爲會員選擇了正確的利益，才能吸引會員長久地凝聚在企業的週圍，成爲企業的忠誠客戶。而你爲會員選擇設計的利益是

否對會員有價值，這不能憑自己或別人的經驗來確定，只有徵求客戶的意見後才能做出判斷。

4. 你規劃了財務預算嗎

會員制推廣和維護的費用很高，很多會員制行銷失敗的主要原因之一就是沒有嚴格控制成本。所以，建立一個長期、詳盡的財務預算計劃非常重要，內容應該包括可能產生的成本以及收回這些成本的可能性。

5. 你要為會員構建一個溝通平台

為了更好地為會員服務，企業必須建立一個多方位的溝通平台，這個溝通平台包括內部溝通平台和外部溝通平台。

- 內部溝通平台：用於企業內部員工進行溝通交流，讓內部員工理解、支持並參與到會員制行銷的開發中去，因為只有內部員工同心合力，會員制成功的幾率才有可能提高。
- 外部溝通平台：確定會員與會員制組織之間以及會員與會員之間需要間隔多長時間、通過什麼管道、進行何種形式的溝通。

6. 建立起良好的會員制組織制度

具體包括：確定組織和管理的常設部門，如服務中心，決定將那些活動外包出去，確定需要那些資源配合，如組織上、技術上、人事上等；如何實現為會員提供的利益，等等。

7. 數據庫的建立與管理

及時有效地建立數據庫，將會員的相關資料整合到企業其他部門，充分發揮其對其他部門的支持作用。會員資料對企業的研發、產品管理和市場調研等部門來說非常有用，充分挖掘會員制潛力，既能幫助各部門提高業績，也能增加會員制行銷自身價值。

🔊)) 第三節　會員制規劃的十一個重點因素

1.我們的產品是否具有競爭力

· 我們的產品質量是否很好或者存在什麼重要問題

· 我們的產品是否對客戶產生價值

· 我們的產品是否滿足客戶的期望值

· 客戶對我們的產品滿意度如何

2.會員制行銷追求的主要目標有那些

· 留住客戶/獎勵忠誠或重要客戶

· 發掘新客戶

· 支持公司其他部門的工作

· 建立客戶數據庫

· 其他/次要目標

3.我們的會員制目標客戶群是那些人

· 定期購買的客戶

· VIP 客戶

· 偶爾購買的客戶

· 潛在客戶

· 零售商或分銷商

· 所有目標客戶群

· 會員制行銷能在那些群體間建立起更好的關係

　　——生產商與零售商

　　——生產商與消費者

　　——零售商與消費者

4. 那種類型的忠誠計劃能幫助我們達到目標

- 客戶俱樂部、會員卡、返券方案、社團或其他
- 開放型忠誠計劃
- 限制型忠誠計劃
  - ——會員加入的條件
  - ——會員間的差異（如 VIP 會員與普通會員）
  - ——忠誠度計劃可能的側重點（如特殊的愛好、生活方式
    等）

5. 會員制方案要為會員提供那些利益

- 硬性利益
  - ——折扣、贈送等
  - ——特價優惠
- 軟性利益
  - ——特殊服務
  - ——文化及體育活動
  - ——交流會、討論會等
  - ——旅行和娛樂
- 從根本上說，可以與產品相關，也可以與產品無關
- 價值如何衡量
- 需不需要額外支付費用
- 企業自己組織還是與外部公司合作
- 成本、可操作性、法律問題等

6. 長期的財務考慮

- 會發生那些費用

  ——人員、技術、物流資源

  ——假如在不同的情況下經營，會發生那些費用

- 如何收回成本

  ——會員的會費收入，考慮其數量及有效期

  ——與外部合作者合作、佣金、商品

  ——其他可收費的項目

- 超出行銷預算的費用

- 嚴格做好控制工作，以衡量忠誠計劃在銷售額、收入、利潤方面的效果

7. 如何構建溝通平台

- 會員雜誌、郵件、熱線、會議以及網頁等的創意及設計

- 會員如何與會員制組織及其他會員進行溝通

- 企業如何為會員製作廣告,如何與企業的其他部門溝通(如定點促銷、在特定的行業雜誌上做廣告等)

- 如何就客戶忠誠計劃及其活動在組織內部進行溝通,以得到管理層及員工的支持（如對員工進行培訓、公司內部媒體等）

8. 如何組織客戶忠誠計劃

- 內部或外部忠誠計劃服務中心

- 人員（員工數量、培訓等）

- 忠誠計劃利益的物流問題（存貨、運輸、與外部合作者的合作）

- 與外部服務提供者的合作

- 確定所有相關活動的流程
- 線上活動與非線上活動

9. 如何建立數據庫

- 要收集那些數據，要收集多少數據
- 如何分析這些數據
- 硬體和軟體方面有什麼樣的要求
- 會員卡是否帶有磁條，以便能更方便地得到客戶的相關購買數據
- 如果是的話，要選擇那種卡

　　——是否具有信用卡功能

　　——是否與金融服務公司或信用卡公司合作

10. 如何將會員制行銷整合到企業的組織機構中去

- 會員制的管理者向誰彙報工作
- 如何保證企業的其他部門能夠就會員制行銷緊密合作，並為會員制行銷的效果努力並從中獲利

11. 如何衡量會員制行銷的成功

- 使用那些標準來衡量會員制是否取得了成功
- 使用這些標準衡量的範圍，那種水準表明了成功或失敗
- 如何記錄這些標準，如何解釋這些標準
- 誰對衡量的結果負責

🔊 第四節　連鎖超市如何建立會員制

　　一家連鎖超市擁有 10 家以上門店後，便已經擁有一定的消費群體，具備一定的消費能力。面對如此龐大的消費人群，如何滿足顧客的需要，如何採購真正適銷對路的產品，如何把握商機，提高各個門店的銷售能力是非常重要的。

　　在激烈的市場競爭中，「只要開店，顧客就會上門」的觀念需要改變，只有主動出擊，從顧客的立場出發採購貨源，才能獲得經營的成功。連鎖超市擁有門店數目多、規模大、散佈廣的特點，設立會員制俱樂部，不僅可以收集、整理及利用會員的資源，還可以圍繞會員開展業務經營活動來鞏固自己的目標顧客群體。

　　會員制俱樂部是一種促銷手段，即消費者只需交納少量費用或達到一定的購買量便可以成為會員，得到會員卡。會員一般可以享有多種優惠：

　　·價格，會員可享有比非會員更優惠的價格。

　　·會員可享有電話訂貨或送貨上門等服務。

　　·會員將定期得到門店新商品的資料和促銷計劃，

　　·部份門店設有會員優惠購物日，享受更大的優惠折扣。

　　成立會員制俱樂部的目的在於能夠縮短門店和顧客的距離，增強雙方的資訊溝通，鞏固自己商圈的固有消費群體，將原來各門店如根據地般的商圈聯合統一起來，變成一卡消費各地、各地通用一卡的局面。同時也可通過對會員的調查，收集資料，

展開一系列的各項門店的工作。

超市實施會員制俱樂部可以從以下幾方面展開：

1.完善基礎設施

現階段，有些超市的收銀機比較陳舊，不便於成立會員制俱樂部。如需設立會員制，首先要改造各門店的收款設備，在收款系統中加入管理會員檔案的刷卡系統，以便於根據 POS 系統中的會員資料，分析門店的消費習慣和趨勢，從而更好地展開促銷活動。

2.建立顧客檔案

會員入會填寫的個人檔案一般包括：姓名、性別、單位、年齡、生日、通訊位址、家庭情況、文化程度、收入水準、購物習慣（購物頻率、時間），然後根據會員所填寫的檔案進行分類編碼管理，如分別按年齡時段、性別、文化程度、收入水準、居住地等指標編碼，隨時調閱和分析某一人群的消費習慣，這樣一個簡單的顧客檔案便建成了。

3.會員卡分級設置

會員卡的設置可分為臨時卡、普通卡、銀卡、金卡等，臨時卡有效期較短，一般為一週或一個月，為外地旅遊購物或臨時居住者的消費者加入俱樂部設計。

- 普通卡：只能享有一般的各項折扣，並且將定期擁有門店的促銷海報，有效期一年。
- 銀卡：主要用於一些門店的長期固定消費者，有效期更長，折扣比率相對更高，可以對銀卡進行儲蓄，從而簡化顧客購物的繳款程序。
- 金卡：主要用於總部和各門店的主要消費團體，金卡增加

　　了透支功能，而且如果年終購物總值到達到一定的金額，
　　即可獲得一定的紅利。同時，各種卡之間可以自由升級。

4.組織會員活動

　　會員還可以參加俱樂部的定期聯誼活動，由門店組織聯繫會
員，定期向會員發放調查表，瞭解需求，從而得到第一手的銷售
動態，並發放最新的超市動態和促銷方案。

　　在會員過生日時，寄一張賀卡或送一份禮物，以增進與會員
的感情，把溫情帶進超市的每個會員家中，使每個會員都成為超
市的朋友，成為門店的永久性顧客，從而徹底鞏固各門店的消費
群體。同時門店將比較清淡的日子定為會員優惠日，對會員進一
步讓利，促進門店的日常銷售，緩解高峰購物的客流量。

第五節　（企業案例）健身俱樂部的經營方法

　　娛樂健身活動設施是現代高級酒店所必備的。由於住店賓客
人數不足，再加上有些賓客匆忙來去無暇享受娛樂健身設施，結
果往往造成酒店娛樂健身設施的利用不足。對娛樂健身設施進行
推銷的方法之一就是建立酒店的健身娛樂俱樂部。

　　(一)室內設施

健身房	按摩室
女子更衣室	男子更衣室
桑拿	淋浴
衛生間	衛生間

洗手間　　　　　　　　洗手間

(二)戶外設施

游泳池　　　　　　擁有燈光照明的四個網球場

(三)設備

健身房

一部摩托車訓練器　　　　　　兩輛訓練自行車

一部腿部訓練器　　　　　　舉重器

一部臂部訓練器　　　　　　啞鈴

出借的物品

網球拍　　　　　　　　網球鞋

網球

(四)費用

所有付費者有權使用各項設施，包括健身房、桑拿浴室、更衣室、游泳池、網球場等。

1. 個人會員費(會員卡不可轉讓)

期限	個人	兩人	兒童(12～18歲)
11個月	2000	3500	800
6個月	1200	2100	500
3個月	700	1200	300
1個月	250	450	150

2. 公司會員費(會員卡可轉讓)

期限	2～5個會員	6～10個會員	11個會員及以上
12個月	1400	1200	1000
6個月	900	700	500

3.會員的賓客

對於會員的賓客的收費標準為每人每次收費 200 元，對 12 歲以上和 18 歲以下的兒童打 50%的折扣。

4.已登記在旅館住宿的賓客

在旅館住宿的賓客自動成為健身娛樂俱樂部的會員，在使用以上所介紹的設施時，不需要支付額外費用。

5.非會員

會員具有以上設施使用的優先權。非會員需在管理者同意的情況下才能被接受，每人每次收費為 300 元。非會員如僅使用按摩設施，不需要支付入場費，僅支付下面說明的按摩費即可。

6.按摩費

對會員和他們的賓客，每 30 分鐘收費 900 元；對非會員每 30 分鐘收費 1200 元。

7.健身飲料扣食品

按照飲料食品單上的價格支付。

(五)其他優惠

會員(旅館賓客除外)還可憑會員卡享有下列優惠：

1.在絲綢之路迪斯可舞廳取消最低收費要求；

2.在旅館的美容與理髮廳可享受 10%的折扣；

3.可免費使用旅館短程往返汽車。

第 *6* 章

會員制的招募與推廣

◀)) 第一節　企業內要組建專門的部門

　　很多企業都在雄心勃勃地開展會員制行銷，但真正予以重視的卻不多。

　　為了降低成本，部份企業會採用讓企業內部的幾個職員兼職對會員制進行經營管理工作。這些職員既要負責原來的工作，還要兼顧會員制的業務推廣，往往會導致會員制工作不能有效運轉。

　　實際上，會員制行銷的實施是一個複雜的系統工程，涉及幾個不同利益的團體，如會員制的經營管理者、會員、外部合作者等，這些團體需要得到不同的資訊、任務及溝通類型等。為了保證它的平穩運行，必須建立專門的組織部門負責執行實施，投入包括正確數量的人力、財力、技術和時間等方面的資源。這樣的組織機構通常稱為中央服務中心（CSC）。

圖 6-1-1　中央服務中心

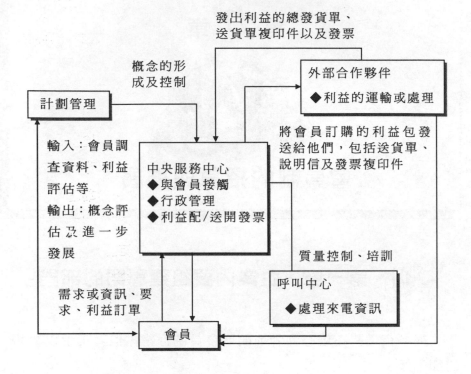

一、部門設置

一般情況下，會員制計劃的管理越獨立，其效果就越好。因為會員制計劃的獨立管理意味著其管理層有權做出以下決策：如何經營會員制計劃、如何組織會員制計劃、會員制計劃可以提供那些利益等。

無論是建立完全獨立的公司去管理計劃的業務，還是由公司內部的部門去管理，都應該根據自身的實際情況，設立幾個職責分工明確的部門：

1. 會員事務管理工作部

- 協調各部門，共同做好會員的管理工作；
- 負責對年度會員累計消費獎勵活動進行成本統計；
- 負責制定年度會員累計消費獎勵活動實施內容及細則；
- 負責制定會員的推廣方案和實施細則；
- 俱樂部日常活動用品的採購和定制；
- 大型俱樂部活動的邀請；
- 俱樂部大型活動禮品的採購和定制。

2. 會員系統工作部

- 根據會員制俱樂部的管理要求，提供相應的軟體系統及完善的技術支援；
- 負責會員證/卡的製作、保管、有效期延長及數據的統計工作；
- 客戶數據庫的建立，包括業務資料、家庭大事記、社會關係資源；
- 客戶資訊的錄入、分析、更新；
- 負責俱樂部的網站編輯工作，包括新聞、案例、企業文化、團隊建設；
- 所有活動的合作者選擇和工作協調。

3. 運營工作部

- 會員的邀請、召集、聯絡；
- 制定和完善俱樂部的管理規則和制度；
- 負責向重點客戶進行最新業務介紹，並進行免費服務；
- 負責向重點客戶進行最新業務優惠的介紹；
- 管理會員代表的增值服務。

4.會員活動工作部

· 俱樂部文體活動的策劃、組織；

· 俱樂部例行活動的策劃；

· 所有定期、不定期活動的實施管理。

通過設立以上部門，同時處理好企業現有服務部門、行銷部門、銷售部門及企業其他部門之間的關係和定位，確保相應業務流程的順利銜接，以便充分發揮忠誠度計劃的優勢，提升企業的核心競爭能力和贏利能力。

二、部門的職責

企業總部設置俱樂部管理中心，在各區域市場設立分俱樂部，隸屬於分公司(或區域行銷中心)，而每個俱樂部可分爲資訊、交流、促銷、企劃、服務等幾個職能小組。當然，組織機構的設置應以能夠實現先期規劃的俱樂部職能爲標準，從而保證俱樂部的運營質量，不能千篇一律。

中央服務中心要協調、組織並檢查會員制行銷方方面面的業務，它具有以下多項職責：

1.直接的會員服務

· 負責發出或回覆所有與會員接觸的郵件、電子郵件、電話等；

· 負責與主動打電話或寫信來的潛在會員進行溝通；

· 負責協調和解決會員在享受俱樂部服務中遇到的各類問題；

· 負責會員個人資料的更新和管理工作；

- 負責受理會員各類服務投訴；
- 負責會員禮品、宣傳品和會刊等物品的定期發放工作；
- 在使用呼叫中心的情況下，負責實行質量控制和監督。

2.對外宣傳、交往與合作

- 負責制定並落實俱樂部宣傳及會員發展方案；
- 負責俱樂部各類文件、資訊、工作計劃及總結等文字性材料的擬定、管理和上報工作；
- 當企業發起一個將經銷商包括在內的忠誠計劃時，在這種情況下，負責與經銷商的溝通；
- 負責維護會員數據庫，並將分析結果送交企業的相關部門；
- 負責整個忠誠計劃的管理。

第二節　會員制俱樂部組織總體設計規程

以本章第一節所介紹的俱樂部爲例，組織章程可如下規劃：

第一章　總則

第一條　爲規範公司實施會員制行銷模式，特制定本規程。

第二章　設立會員制組織的目標

第二條　引入會員制的目的。

1.獲取投資收益。把投資會員制俱樂部視同一種新型的投資模式，把握利益較高的項目。

2.擴大關係網絡。尤其是高級會員制俱樂部，公司建立起自身可控的社會關係網路。

3.提高社會知名度。

4.作爲一種特殊促銷手段來推銷商品或服務，佔領商業競爭的制高點。

第三條　公司會員制方案目標的重要性各有不同。

第三章　功能定位

第四條　基本功能。

1.消費功能。會員制提供會員物質產品或精神產品消費，出售商品或提供服務。

2.資訊交流功能。會員制俱樂部成爲其經營領域的資訊集散中心，會員在此交流或匯總會員消費資訊。

3.綜合服務功能。會員制俱樂部均圍繞其主要業務範圍，提供相關的綜合、配套服務。

第五條　特殊功能。

1.社交功能。會員將俱樂部作爲難得的社交場所，用於拓展會員的社交圈和關係網絡，以促進會員自身發展。

2.投資功能。會員證大多具有行情看漲、價格趨升的特點，炒會員證成爲繼炒股票、炒預售樓、炒郵票之後的又一個投資對象。會員證的投資甚至投機功能，活躍了會員制的發展。

第四章　形態主體

第六條　公司法人形態。

1.由幾個投資者舉辦或由會員共同發起興辦。

2.會員制消費俱樂部需經工商註冊。

3.俱樂部以自負盈虧的方式經營。

優點：運行主體明確，運行效率高，體制規範；責、權、利統一對稱；會員發起舉辦，可以作爲股東，具有投資收益或分成。

缺點：組建、申報、審批過程長，手續繁複；會員制單獨運行，增加運行費用開支；會員制追求贏利目的，可能產生短期行為。

第七條　事業法人形態。

1.會員制消費俱樂部由民政部門註冊。

2.會員制主要受會員章程約束，通常為非贏利性質。

優點：註冊相對簡單，會員參與俱樂部自主管理程度高，運行費用壓得最低。

缺點：運行資金統籌較為困難，會員制長期發展較緩慢。

適用於以志趣和特殊愛好類聚的組織。

第八條　非法人形態。

1.一般作為法人單位開辦的非獨立核算分支機構，不在外註冊。

2.興辦單位擁有對會員制組織的完全控制權，相應承擔運行費用。

優點：不需在外獲取批文、註冊，成立簡單；興辦單位可以對俱樂部自主經營管理，收入和支出可靈活調度。

缺點：會員章程不在政府註冊，外部監管較難；會員參與管理程度低，對會員權利保障不力；興辦者通過轉移價格等使會員制贏利水準下降，投資收益不高；容易成為躲避政府監管的行銷組織。

在實踐中，這種方式較為常見。適用於以興辦者管理為主、會員參與性少的組織，如超市購物俱樂部。

第九條　以上方案各有優勢和劣勢，各有其適用範圍。無論採取何種主體形態，都要充分保障會員應有權利；否則，容易產

生法律糾紛,給公司造成被動和損失。

第五章　機構設置

第十條　設計機構方案。

方案1:

適用範圍:運行主體爲公司法人形態的會員制。

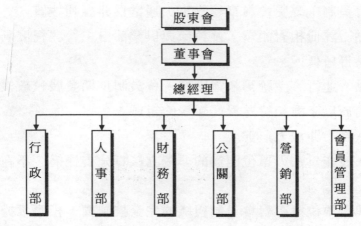

方案2:

適用範圍:運行主體爲事業法人形態的會員制。

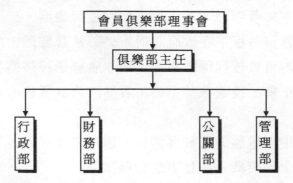

方案3:

適用範圍:非法人形態的會員制實體,通常用於規模較大的

會員制，如購物俱樂部。

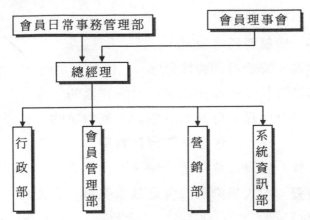

第十一條　以上方案各有其適用場合，公司根據會員制運行主體選擇或參考以上方案。

第六章　會員分類

第十二條　按加入會員的身份分。

1.個人會員：以自然人身份加入會員制。

2.法人會員(團體會員)：以公司法人或事業法人身份加入會員制。

第十三條　按會員接納時間分。

1.創始會員：俱樂部創立時招收的首批會員。

2.一般會員：俱樂部成立後招收的會員。

第十四條　按會員權利分。

1.榮譽會員(名譽會員)：由俱樂部無償贈予會員資格的會員。

2.普通會員：按俱樂部一般入會章程和程序加入的會員。

第十五條　按會員尊貴分。

1.白金卡：最高等級會員。

2.金卡：高等級會員。

3.銀卡：一般普通會員。

第十六條　按會員流動性分。

1.可轉讓會員：會員資格是可自由轉讓的。

2.不可轉讓會員：會員資格限定不能轉讓的。

第七章　會員費用

第十七條　會員入會費用分類。

1.入會費：加入俱樂部，會員基本費需在入會時一次性繳納（或分期支付）。

2.保證金：保證金可作爲會員在俱樂部免費消費之最高限額；俱樂部如不提供服務項目時，不必設此項保證金。

3.管理年費（或月費）：俱樂部對會員的日常管理的費用。年費標準一般按月、季或年徵收，如果按年一次性繳納可優惠。

第八章　俱樂部形象塑造

第十八條　會員卡設計。

主要用於進入俱樂部場所檢驗身份或開啓設備門鎖，也是會員加入會員組織的證明。

1.會員卡設計應經久耐用、抗磁化、抗磨損，並且美觀、尊貴。

2.會員卡可考慮爲條碼卡或 IC 卡。

3.每個會員單位可發放多張會員卡（附卡）。

4.會員卡應有俱樂部標識、發行主體、發行日期、會員編號或照片等識別資訊。

5.對不同類的會員通過證卡顏色識別。

6.要有全息或其他防僞標誌。

第十九條　俱樂部名稱。

1.會員組織的名稱，是俱樂部形象的重要組成部份，也是其無形資產和商譽的主要載體。該名稱可註冊爲「服務商標」。

2.俱樂部起名的準則：要符合和貼近會員制俱樂部的特徵；要與其他俱樂部名稱相區分，不能濫用名稱。

第九章　會員招募規劃

第二十條　會員招募策略。

1.在會員制俱樂部開業之前，通過媒體廣告宣傳和公關活動，宣揚俱樂部，吸引社會的注意力。

2.會員理事會首屆理事聘請社會知名人士、社會活動家、商界名人進入，以提升俱樂部層次，通過理事會陣容，顯示俱樂部實力。

3.會員招募分批推出，並及時調整招募計劃和入會費，使俱樂部收益最大化，從而保證招募活動成功。

第二十一條　會員招募階段規劃。

1.準備期（會員俱樂部規劃至開業前）。

⑴利用各種新聞媒介，普及會員制俱樂部知識，宣傳本俱樂部鮮明特徵。

⑵吸引社會著名人士爲本俱樂部出謀劃策。

⑶廣泛收集、分析、調研潛在會員市場訊息，建立有關檔案資料。

⑷以最優惠折扣吸引部份會員入會。

2.開業期（在俱樂部開業前後一段時間）。

⑴先期組織俱樂部理事會，通過名人參與，掀起公共宣傳高

潮。

(2)依據市場情況分批投放會員證，以折扣率調控投放的價格、進度。

(3)通過會員介紹新會員。

(4)聯合其他行業組織共同發行會員證，提高會員制可信度。

3.運作期(俱樂部走上正常運行後)

第十章　會員入會

第二十二條　入會會員條件。

1.入會會員年齡、身份、地位、健康狀況均要符合俱樂部的具體要求。

2.會員需支付一定費用，如一旦被批准爲會員，就應支付一定的入會費。

3.遵守俱樂部各項規章制度，如使用俱樂部設施、出示會員證等規定。

第二十三條　俱樂部會員入會程式。

1.申請人填寫申請表，要說明加入的會員種類。

2.俱樂部調查，確認申請人的入會條件及支付能力。

3.申請者收到批准後 30 天內，按要求將入會款項彙到俱樂部指定銀行。

4.俱樂部收到款後，發放會員資格證書。

第十一章　會員權利及義務的規定

第二十四條　娛樂俱樂部會員制下會員應享受的權利。

會員權利包括：會員在俱樂部擁有的資格、享有的各項權利，如有權參與俱樂部組織策劃的各種活動，有權帶規定人數內的非會員進入俱樂部消費。主要可以概括爲以下幾個方面。

(1)資格權：會員有權使用俱樂部提供的所在設施；

(2)優惠權：具有使用各種設施的優先權，會員免費享受某些服務項目，會員可以優惠價格享受某些服務項目；

(3)簽字權：會員有權消費後簽章，按月與俱樂部結算；

(4)監督權：會員有權隨時對俱樂部的工作進行監督和投訴俱樂部；

(5)轉讓權：會員取得資格 12 個月後，經俱樂部同意後，有權轉讓；

(6)同等權：會員有權到俱樂部的聯網單位或分支單位享受折扣優惠；

(7)信息權：俱樂部定期為會員提供特殊服務項目，如定期向會員發送刊物及有關資料等；

(8)被繼承權：此項權利由持金卡、銀卡的會員享受；

(9)分紅權：俱樂部規定持金卡，享受分紅權。對於會員，將視其在俱樂部內的消費總額和俱樂部的贏利情況，在年底給予一定的分紅或返還，從而使會員的實際利益更多。

第二十五條　娛樂俱樂部會員制下會員應履行的義務。

1.定期交納會員費用

會員無論是否使用俱樂部設施均需付年會費。過期不支付年會費者被視為自動退會，俱樂部管理部門有權取消其會員資格，取消會員資格將以書面形式通知會員本人或所在公司。在被取消會員資格之日起，該會員必須付清所有費用。

2.遵循會員資格轉讓的規定

會員享有會員資格的轉讓權，但這項權利的行使必須按照一定的程序進行。 般而言，個人會員在取得會員資格 12 個月後方

可轉讓會員資格。但要求在付清一次欠賬和轉讓費後方可轉讓，轉讓時必須在本俱樂部辦理轉讓手續，並交納會員入會費 15%的轉讓費。法人會員資格不得轉讓。

　　會員制俱樂部的有關規章在會員入會時以書面形式交與會員閱覽，待同意後簽字認可，具有法律效力。

第十二章　附則

　　第二十六條　本規程由公司授權的籌辦機構參照執行。

　　第二十七條　依據本規程和其他會員制管理辦法構成完整的會員組織管理規章。

　　第二十八條　本規程須經董事會議通過。

第三節　會員的招募

　　會員制行銷，顧名思義其服務的對象是會員，它是爲了會員而存在的。如何讓企業鎖定的目標客戶群成爲會員制俱樂部的核心會員，如何擴大俱樂部在目標客戶群中的影響力，使目標客戶群成爲企業長久穩定的會員，都需要企業進行詳細的規劃和實施有效的會員招募與推廣活動。

　　對於實行會員制行銷的企業來說，會員是其重要的市場目標，也是企業行銷策略的主要對象，會員招募是贏得市場的第一個步驟。詳細的會員招募規劃和有創意的宣傳活動，可以讓會員招募工作事半功倍。

　　新天堂電影俱樂部是一家以會員制爲基礎的電影俱樂部，他

們在首次招募會員時制定了這樣方案：與貝塔斯曼公司合作，將其公司的宣傳手冊（附入會指南）夾在貝塔斯曼公司寄給書友會成員的會員雜誌中，同時宣佈加入新天堂俱樂部的會員一律贈送貝塔斯曼書友會 20 元抵用券一張。

這樣一來，新天堂能依託貝塔斯曼龐大的會員組織，預測 30% 的貝塔斯曼會員對新天堂產生興趣，這樣新天堂已能獲得相當數量的會員。

對首批入會的會員，新天堂給予以下優惠：贈送貝塔斯曼書友會 20 元現金抵用券一張，贈送新天堂電影俱樂部放映的第一場電影的電影票一張，贈送精美禮品一份（印有新天堂 Logo 的書籤一套）。

對於介紹新會員入會的老會員，新天堂給予如下獎勵：贈送印有新天堂 Logo 的精美雨傘一把。

新天堂電影俱樂部作為一家新成立的俱樂部，他們利用與貝塔斯曼共同舉辦促銷活動的契機，使貝塔斯曼眾多的會員認識了新天堂電影俱樂部的存在，達到了「借船出海」的目的。

1. 會員招募策略

- 在會員制俱樂部實施之前，通過媒體廣告進行宣傳和公關活動，廣泛宣傳俱樂部，吸引目標客戶群的注意力。
- 會員理事會首屆理事職位聘請社會知名人士、社會活動家、商界名人等擔任，以提升俱樂部的檔次，通過理事會陣容，顯示俱樂部的實力。
- 製造契機與著名企業共同舉辦大型公共或促銷活動，迅速提高俱樂部的知名度。
- 會員招募分批推出，並及時調整招募計劃和入會費，使俱

樂部收益最大化，從而保證招募活動的成功。

2.會員招募階段規劃

(1)準備期，會員俱樂部規劃至開業前。

- 利用各種新聞媒介普及會員制俱樂部知識，宣傳本俱樂部鮮明的特徵。

- 吸引社會著名人士為本俱樂部出謀劃策。

- 廣泛收集、分析、調研潛在會員的市場訊息，建立相關檔案資料。

(2)開業期，在俱樂部開業前後一段時間。

- 前期組織俱樂部理事會，通過名人參與，掀起公共宣傳的高潮。

- 根據市場情況分批投放會員證，以折扣率調控投放的價格與進度。

- 通過會員介紹吸引新會員。

- 聯合其他行業組織共同發行會員證，提高會員制的可信度。

香港「u21青年網路」15萬會員招募策略

1.吸納舊會員

我們建議由即日起，聯絡已失效的舊會員1000人（平均每日聯絡約 30 人），邀請他們登記成為「u21 青年網路」會員。各單位在對方口頭答應下，即可更新其會員資料，並告知其立即到××取會員證。

註：我們建議這種方法不列入指南，只作為一項額外的試驗計劃。

2.提升 5%目標

除各單位達到原定目標外，建議每個單位增加 5%數字，以

避免因轉換會籍或計算錯誤而導致未能達標。

　　註：各單位自行調升目標 5%，只是建議策略，並非指南。

3. 會員推薦計劃

　　凡於 9 月 1 日至 9 月 30 日期間成功推薦親友入會的會員，均可獲得現金優惠券，參與本會活動時作現金使用：

　　每成功推薦 5 位會員，可獲 20 美元優惠；

　　每成功推薦 10 位會員，可獲 50 美元優惠；

　　每成功推薦 15 位會員，可獲 80 美元優惠；

　　每成功推薦 20 位會員，可獲 100 美元優惠。

　　註：支出由會籍發展組負責，會籍發展組將會發出通告及宣傳品。

4. 向學校宣傳

　　任何學校，凡於 9 月份前成功安排 200 人登記成為會員，即可享受活動優惠，會籍發展組會送出總值 6000 美元的領袖訓練。

　　註：有關活動內容會由青年空間提供，支出由會籍發展組負責。

5. 會員暑期積分優惠計劃

　　由於暑期積分優惠計劃於 9 月前仍可獲取印花，並於 10 月至 12 月兌換，這代表各單位均可以於 9 月份借此吸納會員。

6. 加強會員優惠的宣傳

　　會籍發展組針對不同區域，設計不同種類的會員優惠海報，同時為了加強某些重要地區的宣傳力度，會籍發展組還會提供優惠幅度更大的宣傳海報給相關單位。

7. 其他特別優惠計劃

　　鼓勵會員於 9 月 15 日前登記成為會員。

凡於 9 月 1 日至 9 月 15 日期間登記成為會員，每 50 位可獲抽獎一次，得獎者可獲名貴獎品一份。

註：會籍發展組將會發出通告及宣傳品。

8. 更多會員優惠

會籍發展組會於 8 月至 9 月推出一系列極具吸引力的會員優惠，吸引更多人加入。

包括：

· 旺角奶路臣街（波鞋街）體育用品優惠商戶（8 月底推出）

· ipod 會員訂購計劃（8 月底推出）

· 公開大學及藝術學院學費優惠（9 月底推出）

· 美心飲食集團優惠（洽商中）

· 大快活飲食集團（洽商中）

註：會籍發展組將會發出通告及宣傳品。

◀))) 第四節　會員徵集的三種主要方式

1. 會議推廣

會議推廣是指通過定期組織會議的形式與目標消費者進行有效溝通，向其展示公司形象，傳遞公司產品資訊，逐步增進消費者對公司及產品的認知度、肯定度，最終促進購買的一種銷售方式。

A 週刊俱樂部的推廣活動

· 展會推廣活動：參加全國各行業大型展會，現場贈刊及征訂活動。

· 寫字樓推廣活動：大型寫字樓巡迴贈刊活動。

· 形象廣告推廣：與其他媒體合作，舉辦商務類型的論壇，達到 A 週刊俱樂部品牌宣傳的效果。

· 商務推廣活動：A 週刊俱樂部與全國大型俱樂部組織各種商務類型的活動。

· 全國商務休閒會所贈刊推廣。

· 與主流及專業、非主流網站合作鏈結推廣。

會議推廣具有以下優勢：

(1)**易操作，成本低，能避開激烈的廣告競爭**

會議本身有明顯的運行規律，操作時間越長，經驗越豐富，可模仿性越低，隱蔽性越強，可有效避開激烈惡性競爭和政府管制，易實施，而與巨額的廣告經費相比，成本較低。

(2)**雙向溝通，服務完善，與消費者面對面進行有效的溝通**

及時瞭解並滿足消費者的需求，解決他們遇到的問題，服務更高效。

(3)**交流情感，提高忠誠度**

定期與消費者聯繫、溝通，加深他們對公司的感情、對產品的瞭解和信任，不斷提高目標消費群的忠誠度。

(4)**營造氣氛，促進購買**

通過會議，把有購買意向的消費者聚在一起，集中購買，營造出一種購物氣氛。你買，他買，我也買，極大地調動了現場消費者的購買熱情。

會議推廣所做的溝通是在企業與其目標消費者之間進行的，有較強的針對性。其本質是與目標客戶群進行資訊溝通，從而贏得信任。

會議推廣的意義：此銷售方式注重產品的市場培育，無論是在淡季還是旺季，都能爲公司未來產品的暢銷打下堅實的基礎並創造良好的消費環境，它爲企業與消費者之間架起一座溝通的橋樑，使產品的推廣、宣傳、銷售、服務完美結合在一起。

會議形式包括以下幾種：

①**戶外促銷活動**

指選擇在公園、廣場等戶外場所，以折價、贈送、現場展示等手段激發顧客的購買慾望，促進其購買的活動。大型會議週期宜爲每月一次，每次活動應選擇好主題，對消費者非常有吸引力，能夠帶來實惠。

②**室內主題講座**

指場地選擇在影劇院、禮堂等，重在對忠誠顧客、潛在顧客傳播與公司產品相關的主題活動。此類活動適合條件比較成熟的市場，目的在於提高產品的知名度，樹立企業的形象，把健康知識的傳播與宣傳品有機地結合在一起，增強產品的可信度。

③**顧客聯誼活動**

指選擇在賓館、招待所、會議室等室內場地，邀請目標顧客聚在一起，開展講座、專家諮詢、文藝表演等親情服務活動。此活動適合於市場開發的初期及成熟期，在短時間內出銷量，有利於市場推廣。

④**社區活動**

指在公園、居民區等社區開展免費諮詢等活動。此形式適合

初期市場活動。目的是建立數據庫、鎖定消費群，開展此項工作時，應大範圍地開展。

2.廣告推廣

廣告可發揮著越來越重要的作用，選擇合適的媒體進行宣傳推廣，可以擴大企業品牌的知名度，有效促進產品銷售。企業在招募會員時，應根據媒體的特性合理選擇相關的廣告媒體進行宣傳，儘量以較低的成本達到最大的成效。

廣告媒體主要有報紙、雜誌、廣播、電視、郵寄廣告和其他媒體等。這些主要媒體在送達率、頻率和影響價值方面各有差異。例如，電視的送達率比雜誌高，戶外廣告的頻率比雜誌高，而雜誌的影響比報紙大。

⑴報紙

閱讀報紙的階層可以說是媒體中幅度最廣泛的，且報紙配送地域明確，以定期訂閱者為主要對象，可以說報紙是最有計劃性的穩定的媒體。

報紙廣告的優點主要體現在彈性大、靈活、及時，對當地市場的覆蓋率高，易被接受和信任。而其缺點則主要在於傳遞率低、保存性差、傳真度差、廣告版面太小、易被忽視。對特定地域的廣告不宜在報紙上投放。

⑵雜誌

雜誌的長處在於它是被讀者特意選購的，雜誌有完好的保存性，廣告生命長，有被讀者相當長時間閱讀的機會，且有較高的傳閱率。

與報紙廣告相比，雜誌廣告可以以比較低的費用覆蓋全國市場，這也是其突出的特性之一。從雜誌銷售狀況來看，有幾乎全

部集中於大都市的傾向,雜誌廣告與報紙一樣,對特定地域的廣告不適宜。當然,雜誌中也有能夠向特定地域刊發廣告的兼具通融性的媒體。

總的來說,雜誌的優點在於針對性強,選擇性好,可信度高,並有一定的權威性,反覆閱讀率高,傳讀率高,保存期長。其缺點是廣告購買前置時間長,有些發行量是無效的。

⑶廣播

廣播的特性首推時效性。報紙由於廣播的出現而受到的巨大打擊就是時效性被奪走,這以後廣播一直以時效性為第一武器。廣播具有的這個特性,被適時的廣播廣告有效地利用了。

廣播是適合個人喜好的媒體。由於電視的出現,廣播把娛樂的首席地位讓給了電視。但是,作為個人化的媒體,仍然佔有重要的地位。對於個人化的媒體,當然有採取個人化的訴求方法的必要,給予聽眾以其他媒體不能得到的親近感尤為重要。聽眾對於自己感興趣的節目希望不受別人的妨礙,可以一個人欣賞。所以,廣播廣告應該強調對特殊階層的訴求。

廣播可以面向全國,也可以面向特定的地域做廣告。發佈全國性的廣告,可以利用全國性的廣播網;地方性廣告則可利用地方性的廣播電台。

總體來看,廣播的優點在於資訊傳播迅速、及時,傳播範圍廣泛,選擇性較強,成本低。其缺點是只有聲音傳播,資訊展示轉瞬即逝,表現手法不如電視直觀、吸引人。

⑷電視

電視是現代廣告的主角,電視是現代所有媒體中最家庭化的娛樂媒體。因此,對視聽者的親近感也很強烈,是感動視覺和聽

覺兩方面的媒體。電視廣告通過畫面和聲音吸引視聽者的注意力，聲文並茂，動感十足，可最大限度地表現產品，讓視聽者在動感中加快對商品的理解，因此它具有其他媒體不可比擬的優越性。同時，電視廣告是樹立品牌形象的最佳媒體，而品牌形象往往直接拉動銷售。

　　電視媒體的主要優點是訴諸人的聽覺和視覺，富有感染力，能引起高度注意，觸及面廣，送達率高。而主要缺點在於成本高，干擾多，資訊轉瞬即逝，選擇性、針對性較差。

⑸**網路廣告**

　　網路廣告是廣告業中新興的一種廣告媒體形式。商家可通過兩種主要方式做廣告：一是建立公司自己的網址，二是向某個網上的出版商購買一個廣告空間。

　　網路廣告的優勢體現在：

- 傳播範圍最廣。網路廣告的傳播不受時間和空間的限制，它通過國際 Internet 把廣告資訊 24 小時不間斷地傳播到世界各地。這種效果是傳統媒體無法達到的。
- 交互性強。它不同於傳統媒體的資訊單向傳播，而是資訊互動傳播，用戶可以獲取他們認為有用的資訊，廠商也可以隨時得到寶貴的用戶反饋資訊。
- 針對性強。分析結果顯示，網路廣告的受眾是年輕、有活力、受教育程度高、購買力強的群體，網路廣告可以幫他們直接命中最有可能的潛在用戶。
- 受眾數量可準確統計。在 Internet 上可通過權威公正的訪客流量統計系統精確統計出每個廣告被多少個用戶看過，以及這些用戶查閱的時間分佈和地域分佈，從而有助

於商家正確評估廣告效果，審定廣告投放策略，以便在激烈的商戰中把握先機。

• 即時、靈活、成本低。在 Internet 上做廣告能按照需要及時變更廣告內容。這樣，經營決策的變化也能及時實施和推廣。

• 強烈的感官性。網路廣告的載體基本上是多媒體，圖、文、聲、像並茂，使消費者能親身體驗產品、服務與品牌，並能在網上預訂、交易與結算，這將極大地增強網路廣告的實效。

網路廣告的局限性主要體現在以下兩個方面：網路廣告的範圍比較狹窄，廣告定價還不夠規範。

⑹**其他媒體**

除了報紙、雜誌、廣播、電視四大媒體之外，還有一些其他的廣告媒體，如直接郵寄廣告。直接郵寄廣告的優點是針對性、選擇性強，注意率、傳讀率、反覆閱讀率高，靈活性強，無同一媒體廣告的競爭，人情味較重。其缺點在於成本較高、傳播面積小，容易造成濫寄的現象。

綜上所述，企業可以根據自己的預算，結合以上廣告媒體的優缺點有選擇地投放廣告，但總的來說，便宜高效的直郵廣告和 Internet 廣告應該是徵集會員的最佳宣傳推廣方式。

3.**現場推廣**

現場推廣是與廣告售點資源、導購推薦、軟性宣傳、促銷相並列的一種比較流行的推廣方式，它與其他的推廣方式有效結合在一起形成了一個有機的推廣整體，能夠在一定範圍內迅速提高品牌知名度，對促使品牌銷量實現質的提升有著重要的作用。

　　因此，可以說現場推廣是使消費者較快接受品牌資訊，達成對品牌或者產品偏好的重要手段，也是會員制俱樂部徵集會員最有效的招募方式之一。尤其當企業擁有自己品牌的零售網點時，在店內做現場推廣活動招募會員，既可以有效吸引新會員，又可以節省大量成本。

　　要做好現場推廣活動，一定要注意以下要點：

- 確定活動主題。活動的主題必須讓人一目了然。
- 確定目標受眾。
- 確定活動地點和時間。
- 確定推廣形式。確定形式時不應被現有模式所束縛，而應該突破傳統做法從熱點、焦點中找一些由頭。例如，D俱樂部開展的支持申奧萬人簽名活動不僅形式新穎，而且貼近社會，值得借鑑。
- 確定所需物品。仔細考慮舉辦現場推廣活動所需的物品，並根據需要及費用預算列出詳細的清單。
- 確定參與人員。應該充分激發現場工作人員的積極性，使他們參與整個活動，而不僅僅讓他們充當現場的一名服務員或解說員。
- 佈置現場。既要考慮美觀大方、有吸引力，還要考慮現場的安全性和穩定性。
- 現場推廣活動實施。

　　除通過上述推廣方式獲得會員外，更多的企業採用由產品（或服務）的消費者在消費達到一定積累後自動轉為俱樂部會員的方法，也有繳款入會的情況。

🔊)) 第五節　榮譽賓客俱樂部的運作

1.設計一份快速加入榮譽賓客獎勵俱樂部的申請表

這份申請表有三部份內容。

第一部份，如何填寫申請表的說明與申請表本身。馬里奧特榮譽賓客獎勵俱樂部申請表的填寫說明是：請您花一點時間填寫好這張簡要的申請表，並將它交給總台郵寄給旅館。一旦您的申請被處理完成（請允許有五週的處理時間），您將獲得一套正式的登記資料，同時我們將給您 3000 分的獎勵積分。在獲得正式登記資料之前，從現在開始您在馬里奧特賓館居住就可以獲得獎勵積分，這只要將您的臨時會員卡出示給總台服務員看就可以了，他們會為您辦理獎勵積分的。這樣做的結果，您將獲得在全世界享受免費的旅行度假獎勵。然後附一張簡要的申請表。

第二部份，榮譽賓客獎勵計劃的簡要介紹。馬里奧特旅館公司以「成為我們的榮譽賓客——獲得能帶來免費旅行的獎勵積分」介紹了這一計劃。介紹說：馬里奧特榮譽賓客獎勵計劃是能使經常旅行者獲得最高獎勵的計劃。因為在馬里奧特，我們相信像您這樣的賓客應該得到特別感謝——為您持續的光臨。作為一名馬里奧特榮譽賓客獎勵俱樂部的會員，當您每一次居住在馬里奧特賓館時，當您使用我們的旅行合夥人——大陸、東方、西北、環球航空公司的飛機和赫茲出租汽車時，您都將獲得獎勵積分。更加美好的是，您甚至從今天開始就能獲得免費旅行的獎勵積分！

第三部份，附一張馬里奧特榮譽賓客獎勵俱樂部的臨時會員卡。

2.獎勵內容

獎勵積分可換成下列獎勵享受：可享受由馬里奧特賓館提供的免費的或打折的住房、飲食、遊輪、飛機票和其他的優惠。可到美國、加勒比海、墨西哥、歐洲、中東、加拿大和香港的旅館去享受。並且，馬里奧特榮譽賓客獎勵計劃將使您比在旅館業的任何其他獎勵計劃更快地得到免費旅行的機會。

3.如何獲得獎勵積分

賓客通過以下七種途徑都可以獲得獎勵積分。

⑴登記獎勵積分

只要您申請登記成為馬里奧特榮譽賓客獎勵俱樂部會員，您就將獲得獎勵積分帳號並獲得 3000 分的註冊獎勵積分。

⑵客居過夜積分

在任何馬里奧特旅館、勝地付錢登記住宿的賓客，每一夜將獲得 100 分的獎勵積分。

⑶基本積分

除了在客房過夜可獲得積分外，賓客花費在飯店的每一美元都可積 10 分。這包括賓客在客房、飲食、客房送餐服務、娛樂、禮品等方面的全部支出額。

⑷附加鼓勵積分

當一位賓客在申請登記馬里奧特賓客獎勵俱樂部會員的 60 天內，連續在馬里奧特賓館居住，還可以獲得 2000 分的鼓勵分。

⑸促銷性的獎勵積分

賓客可向他的朋友或馬里奧特旅館詢問，可以發現和獲得季

節性的特殊獎勵積分。

⑹旅行合作者的獎勵積分

馬里奧特賓館公司的合作者是東方、大陸、西北、環球等航空公司和赫茲出租汽車公司。在賓客使用它們的交通工具時，它們也將給予獎勵積分。當賓客乘坐上述任何一家航空公司的飛機時，可獲得的獎勵積分數是客房過夜積分數和基本積分數的25%。當賓客租用赫茲出租公司的汽車時，可獲得的獎勵積分數是客房過夜積分數和基本積分數的 20%。

⑺馬里奧特榮譽賓客獎勵「第一卡」

馬里奧特第一卡，是單獨爲馬里奧特榮譽賓客俱樂部會員設計的信用卡。當賓客不住在馬里奧特賓館時，用馬里奧特第一卡支付購買物品的每一美元，可自動地獲得 2 個積分。這樣，持有第一卡將使賓客獲得獎勵積分的機會幾乎沒有限制。

值得注意的是，由馬里奧特賓館公司經營的庭院客棧和美麗田野客棧不參加榮譽賓客的獎勵計劃。用馬里奧特第一卡在這些設施裏消費，每一美元僅獲一分獎勵積分。另外，由於受到辦理條件的限制，馬里奧特榮譽賓客獎勵第一卡僅提供給美國居民使用。

4.馬里奧特榮譽賓客獎勵俱樂部的獎勵服務

獎勵的內容有：獲得免費或折扣的馬里奧特住宿券。賓客可在遍及世界的 200 多家旅館使用；提供馬里奧特享受免費或折扣的飲食券；可免費乘東方、大陸、西北和環球航空公司的飛機，免費在巴哈馬、加勒比海和墨西哥乘遊輪旅遊，免費借用赫茲汽車。馬里奧特榮譽賓客獎勵俱樂部還提供下列服務：①會員卡將確保賓客受到尊重和提供賓客期望的服務。②會員的帳號報表會

顯示賓客所獲得的積分數。它讓會員知道機會離他有多麼近。③
《馬里奧特賓館通訊》會告訴會員所需要的資訊：新開業的旅館
和勝地，獎勵的機會和旅行的目的地等。

5.制定獎勵活動計劃表及説明獎勵活動注意事項

獎勵活動計劃表將說明什麼樣的獎勵積分數可以獲得什麼
樣的獎勵內容。

獎勵活動的注意事項是指享受有關獎勵的條件或要求。這方
面的內容很多，其中最主要的一點是旅館要保留對獎勵計劃限
制、修訂或取消的權利。如馬里奧特賓館公司寫明，馬里奧特賓
館公司與馬里奧特榮譽賓客獎勵計劃的合作者保留在任何時候限
制、修訂或取消馬里奧特榮譽賓客獎勵計劃的權利。

◀))) 第六節　（企業案例）戴頓-赫德森的客戶忠誠

戴頓-赫德森（Dayton-Hudson）公司是世界上最大的零售商
之一。它由三家在美國擁有獨立品牌的連鎖百貨零售公司構成，
它們是明尼蘇達州明尼阿波利斯市的戴頓零售公司、底特律的赫
德森零售公司和芝加哥馬紹爾費爾德百貨連鎖公司。這三家公司
都因為能夠提供給客戶具有個性化的新穎款式、領先潮流的產品
而受到客戶的青睞。

但是從 20 世紀 80 代末期開始，一些以折扣聞名的低價零售
店和一些產品的專賣店由於能夠提供給購買者更加多樣化的選
擇,使得戴頓-赫德森連鎖店公司在客戶心目中的地位受到很大影

響和挑戰，這家公司開始採取措施加強與客戶之間的聯繫，以此來提高客戶的忠誠度。

一、「金卡計劃」的實施

戴頓-赫德森連鎖店公司採取的加強與客戶聯繫的第一步措施是跟蹤研究流動的客戶。1989 年，戴頓-赫德森公司決定投資建立一個消費者資訊系統，在外界專家的幫助下，這個資訊系統不到一年的時間就建成了。這個系統容納了 400 萬消費者的基本資訊和他們的消費習慣。

電腦分析的結果顯示了一個令人驚奇的事實：有 2.5%的客戶消費額居然佔到公司總銷售額的 33%，而這 2.5%的客戶正是公司特別研究和關注的。這些發現引起了高層董事的關注，他們急切想留住這些高消費者。公司聘請了管理諮詢顧問，他們提供了發展消費者的一些策略，而第一條建議就是開展忠誠計劃，他們將其命名爲「金卡計劃」。

執行金卡計劃遇到的第一個問題就是要提供什麼樣的優惠。其他行業的商店在他們的忠誠性計劃裏爲消費者提供免費購物的優惠,那麼戴頓-赫德森公司也要採取同樣的方法嗎？忠誠性計劃的一個最有名的例子就是航空公司的飛行里程累積制,戴頓-赫德森公司是不是也應該採取類似的方式呢？

戴頓-赫德森連鎖店公司的高級管理層和分店經理們沒有把自己關於消費習慣和偏好的想法強加給他們的客戶，相反，他們的決策完全依靠對客戶消費習慣和偏好的細心觀察。他們在客戶購物的過程中，積極地留心每個客戶的消費習慣。經過細緻的觀

察，研究小組發現，客戶們最關心的是與店員的充分交流，客戶希望店員能夠與他們一起分享商品資訊，甚至一些小的不被注意的細節也能夠贏得客戶的好感。

所以，公司最終決定提供一些費用不是很高的軟性優惠條件，例如：贈送一張上面附有流行時尚資訊的新聞信箋；給消費者提供一些即將要銷售的產品資訊，一張金卡；購物時附帶的一些優惠，如免費包裝、免費咖啡以及專爲關係金卡用戶提供的特殊服務號碼；每季還爲他們郵寄一些贈券。

二、效果評估

接下來的重心主要放在建立客戶聯繫及評估上。爲了評估金卡計劃的效果，戴頓-赫德森公司設置了一個對照組，即不享受任何優惠和個性化服務的一組客戶。公司內部爲這個設想有過激烈的爭論，但是最終大家都理解了對照組到底有什麼樣的好處。評估在行銷過程中是非常重要的，一些公司認爲僅僅通過詢問消費者他們的滿意程度就可以評估出消費者對忠誠計劃的積極性，但實際上這是不可能的。

戴頓-赫德森公司還開通了消費者服務熱線電話，熱線一開通馬上就爆滿。熱線工作組原預計一年可能會接到 3000 個電話，可是第一個月就已經大大超過了原先的估計。消費者對熱線有很高的期望，他們有時寧願回到家中，坐下來打一個電話，而不願直接與管理人員或商店經理交談。

「金卡行動」帶來的良好結果，使得戴頓-赫德森公司決定在接下來的時間裏用不同尋常的方式繼續這項行動，他們把那些

高度忠誠的客戶集合起來，讓他們參加一些重大的特殊儀式和會議，例如關於流行趨勢的論壇，甚至是公司舉行的盛大的招待晚宴。這些活動的作用類似於一個巨大的實驗室,在這個實驗室裏，公司的員工可以有更多的機會認真、細緻地觀察客戶的消費態度和行爲習慣,同時,也使得這些客戶們感到了自己身份的特殊性,從而進一步增強了他們對公司的認同感和歸屬感。

在這項活動運作了一年的時間後，金卡計劃取得了成功,成員增加到了 40 萬人。在這一年的時間裏,公司舉辦了許多的藝術演出活動、時尚研討會,還嘗試了一些降價活動,而且越來越多的活動也正在籌備和策劃當中。與對照組相比,金卡用戶明顯消費比較高。金卡計劃取得了極大的成功。這項計劃使消費者感到很滿意,並且他們很樂意繼續購買戴頓-赫德森公司的商品。同樣,從公司及股東的長遠利益來看,這項計劃也會大大增加銷售量。

隨著銷售額以百萬美元的數量遞增,「金卡計劃」被公司認爲是一本萬利的舉措,這項舉措在贏得客戶的高度忠誠方面實在功不可沒,在今後的公司運作中,戴頓-赫德森公司決定將這項運動的核心理念運用到公司更多客戶的身上。

從這個會員制案例中,我們可以得到啓示:

1.重視客戶的終身價值

哈佛商學院湯瑪斯・鐘斯教授認爲,建立忠誠的客戶關係經常要求公司利用資源進行有效投資。

怎樣來衡量這種有效投資？這需要理解客戶忠誠的意義根源於客戶的終生價值。理解客戶的終生價值,要求公司把注意力從消費者某一次的交易上轉移到一生中一系列的交易上,然後再

來衡量與該消費者的交易關係。

　　戴頓-赫德森公司把它們的消費者分成幾種不同的人群。這些不同的消費者群體有著不同的基本生活需求、不同的消費習慣和不同的消費潛力，當然他們對百貨公司也有著不同的忠誠度。所有這些差異組合在一起就構成了消費者各自不同的潛在的終生價值。

　　當企業的注意力從零散的、單一的銷售業務轉移到現在基於對客戶終生價值的考慮時，它所採取的經濟學視角也發生了轉變。從傳統的觀點來看，企業以前是以季增長率的指標來衡量收入和利潤，而這些都是關於企業短期經營效益的指標，現在企業需要一套全新的規則和指標來衡量長期的客戶忠誠關係。

2. 為客戶提供個性化服務

　　許多企業認為獲得忠誠客戶行之有效的方法就是「不斷完善產品和服務」，並以更具競爭性的價格出售本公司的產品。某些企業則將這種做法更加深化，向經常光臨的客戶提供各種優惠條件和最大的折扣，這些做法可能在短期內有非常明顯的效果，但是並不能極大地提高長期客戶的忠誠度。這是為什麼呢？

　　因為這些方法都沒有把個性化的客戶以及他們個性化的價值取向作為企業服務的核心，而是將客戶視為一個差別相對較小的群體。而事實上，客戶是千差萬別的，他們的需求也是多種多樣的，並且這些差異可能來源於許多方面。例如，某些客戶對價格折扣情有獨鍾，某些客戶希望自己能夠獲得關注，而另一些客戶則傾向於獲取更多的資訊。

　　不管怎樣，這一模型是非常重要的：在銷售前為客戶「量體裁衣」；在銷售過程中，不斷地和客戶溝通，把客戶的需求滲入提

供系統；在銷售以後，還要以完美的服務質量、對過程的繼續跟蹤和連續的溝通等，實現「客戶永遠在心中」的認知感。戴頓－赫德森公司的經驗很值得思考。

3.對客戶進行長期記錄和觀測

戴頓－赫德森公司之所以通過「金卡計劃」這看似簡單的行動取得了成功，是因為它在實施過程中注意了以下一些關鍵的問題：

首先，對客戶的所有個人偏好和習慣做出反應的措施必須是全公司範圍的，從最高的決策層到經理層，再到與客戶直接打交道的一線員工。

其次，在研究客戶的消費習慣和偏好的過程中，不在客戶的需求方面做任何人為的假設，而是應該直接從客戶的消費活動中尋找答案，直接詢問他們的需求，或通過觀察來獲取他們的偏好，並在以後的時間裏慢慢地隨著客戶口味的改變來制定相應的對策。

還有，客戶的忠誠度給公司帶來的利潤和利益的影響是要經過長期檢驗的。對客戶忠誠管理和應用的策略不像傳統行銷中的廣告那樣能夠給銷售帶來立竿見影的效果，它是慢慢起作用的。因此，對客戶忠誠的長期記錄和觀測的策略就顯得尤為重要和關鍵。

第7章

會員制的溝通平台

🔊))) 第一節　構建可與會員溝通的平台工具

　　會員與企業溝通的每次瞬間感受都會影響對企業忠誠度計劃的認識，同時也會影響忠誠度計劃的最終效果。以某航空公司的會員俱樂部為例，與會員的接觸和溝通包括電話、傳真、電子郵件、網路、信件、面對面的服務櫃台等多種管道，溝通形式包含了申請表、歡迎信、里程通知、會員通訊、滿意度調查、會員活動、針對性的促銷資訊和個性化的郵件等多種形式。

　　虎媒廣告文化是從事廣告及相關圖書零售的專業書店，在談到 10 年經營的成功經驗時強調，會員制是他們成功的重要原因之一：

　　「我們的銷售 90%以上都是會員銷售。會員制的核心是和會員建立一種超越交易關係的關係。很多書店的會員卡變成了打折

卡，會員購買不需要用降低價格來維繫。我們跟會員有多種溝通方式，包括不同類型的會員刊物，有專門給 VIP 會員的，有給普通會員的，有網站、電子郵件、短信、傳真、宣傳單頁、電話，等等。這些方式可以保證把你的資訊有效地傳遞給會員。我們還專門為會員舉辦大型的演講活動。所以在廣告行業，成為龍之媒的會員是一件相當令人自豪的事。」

企業在制定忠誠度溝通計劃時需要考慮溝通的頻率，合理的溝通頻率能夠有效促進客戶和忠誠度計劃之間的情感聯繫及信任的建立。

在日常生活中，人們根據各種因素，包括關係、資訊內容和現有的溝通媒介等，決定採取何種溝通方式。這些選擇極大地影響了人們的生活和他們之間的關係。可供人們選擇的常用溝通方式有面談、書信、電話、手機短信、網路等。

企業與會員之間的溝通，不能依靠或者僅僅局限於某種溝通方式，而應該選擇多種溝通方式，使溝通更加順暢和有效。

1.面對面溝通

企業通過專業人員把會員邀至辦公室或其他指定地點進行面對面的交流，毫無疑問，這種方式的溝通是最有效的。面對面溝通是直接而簡便的，而且在談話的過程中可以隨時隨地交流雙方的感受，瞭解彼此的想法，可以充分討論擬定的話題。

在處理微妙的人際關係或傳遞複雜資訊時，面對面溝通是最合適的選擇。面對面溝通適用於以下幾種情況：

(1)對會員進行需求調研；

(2)徵求會員對產品或服務的詳細意見或建議；

(3)處理會員的重大不滿或特殊事件。

2. 電話溝通

電話是企業最常用的一種工具，電話服務是一個內外結合、雙向溝通的過程，運用好電話溝通技巧，會給會員留下深刻的印象。如何充分利用這個紐帶和橋樑，與我們的會員進行有效的溝通，對提高工作效率、提升業績指標、維護客戶群體，有著重大的現實意義。

首先，應該樹立正確的服務理念，因為服務理念決定服務面貌。其次，要對會員資料進行分類，由於在電話中不能見面，對於客戶的文化層次、職業等不能很快判斷，所以先在電腦中查詢各方面資訊，查明有關資料，便於溝通。查詢資料後，對客戶服務內容進行整理，認真地記錄。

(1)瞭解：在電話溝通中，瞭解客戶的真實想法，掌握他們的需求，做好筆錄，重覆客戶的談話內容梗概，讓他感到自己受重視，同時贊同他的觀點。

(2)回答：對客戶在電話中提出的問題，用最簡捷的語言答覆，使對方感覺我們是專門為他服務，即使不能馬上明確回答，也要承諾客戶在最短的時間內，一定給他滿意的答覆。

(3)詢問：詢問對公司的服務有什麼意見和建議，感謝他對公司的支持。

3. 會議/活動溝通

企業通過定期或不定期組織各類不同形式的會員會議或活動，旨在為俱樂部與會員之間、會員與會員之間搭建一個良好的溝通、交流平台，在不斷壯大會員隊伍、擴大企業影響力的同時，達到休閒娛樂的目的。

某藥店除了規定每週 20 種常見藥品降價讓利之外，還通過寄

送健康手冊、「時尚護理」等會員活動，贏得了不少回頭客。

他們定期免費邀請優質會員聚會，請醫學專家講述一個健康主題，諸如心腦血管病、糖尿病、骨質疏鬆症等。還會與一些商家合作，贈送一些小禮品，組織一些健康活動等，現已發展會員3000多名，店內 60%的藥品都是會員消費的。

會員會議/活動的主要形式包括：

- 聚會、餐會、晚會
- 主題沙龍
- 體育活動或競賽
- 研討會、培訓活動
- 旅遊休閒

在舉辦相關活動之前，應積極與政府相關部門或行業媒體建立廣泛的聯繫，並取得相關支持，並能夠妥善辦理開展活動所需要的手續。活動場所最好選擇對會員便利且利於企業開展工作的地點，同時要準備好會議設施和佈置好會場環境。不要忽略現場最為實效的宣傳，給會員提供一個完全的體驗機會。

🔊 第二節 建立獨特的溝通工具

實行會員制行銷的主要目標之一是創造與會員溝通的機會，會員制俱樂部與會員之間聯繫的次數不能過多，也不能過少，以每年與會員聯繫 6～12 次為宜。與會員之間溝通可以採用不同的工具進行，如會員雜誌、專線電話、郵件等，隨著 Internet

的迅速普及，企業網站和電子郵件正成爲最重要的溝通工具。

　　與會員的溝通必須是具有排他性的，這就是說只有會員才能得到這種溝通。如果每個人都能登錄忠誠計劃的網站或得到業務通訊的電子郵件，它們的價值就會明顯地減少，而且會員的排他性就會受到危害。忠誠計劃內部溝通的目標是：

- 提供關於忠誠計劃利益的資訊；
- 提供目前忠誠計劃活動的資訊；
- 提供特殊活動及特價供應商品的資訊；
- 與忠誠計劃促銷的產品建立起聯繫；
- 將大家普遍感興趣的問題告訴會員；
- 鼓勵會員主動與忠誠計劃服務中心聯繫；
- 鼓勵會員更多地購買或重覆購買產品；
- 支援忠誠計劃的其他目標。

　　與會員的溝通可以分成幾種不同的情況：定期主動溝通、不定期主動溝通以及被動溝通。主動溝通是指忠誠計劃的管理者與會員聯繫。這可以定期進行（例如通過每月的業務通訊聯繫），也可以不定期進行（如向會員郵寄最近舉辦的、有參加者照片的活動通報等）。被動溝通是指會員與忠誠計劃的管理者聯繫（如打熱線電話或寫信給雜誌的編輯）。

　　經驗表明，過多的溝通（如每天或每週）會起到相反的作用，因爲它們會使會員感到有壓力，讓會員感到苦惱，特別是當這些聯繫或明或暗地隱含著銷售意圖時。反過來，如果溝通活動間隔時間過長，如一年或半年進行一次，也不會收到好的效果。因爲若每年與會員聯繫的次數過少，就建立不起富於感情的關係。理想的情況是通過採用不同類型的溝通，每年與會員聯繫 6～12 次。

1. 歡迎夾

當第一次接觸時，每一位新會員都應該在發出入會申請的幾天內得到一個歡迎夾。這個歡迎夾應該包括最近一期的忠誠計劃雜誌和/或業務通訊、關於忠誠計劃所提供的利益以及如何得到這些利益的詳細資訊、歡迎禮品（可能是一些特別提供的產品）以及歡迎信。記住，這是新會員第一次與客戶忠誠計劃正式接觸，所以歡迎夾的質量和價值必須達到甚至超過新會員的期望。歡迎信只表達出對會員加入忠誠計劃的感謝還不夠。會員是帶著一定的期望加入忠誠計劃的，在大多數情況下，他們付了入會費或會員費。因此必須在第一次接觸到關係結束這一段時間內，滿足他們的期望。在會員交納了入會費的情況下，一定要讓他們有其全部投資都已收回來的感覺。在收後歡迎夾並使用過其中的任何特別提供產品或贈券之後，會員會覺得他們的投資得到了回報。忠誠計劃行銷是一種直接行銷，是轉向一對一行銷的重要步驟。因此，以「親愛的會員」或「親愛的經常飛行者」開頭的歡迎信或任何書面的溝通都讓人難以接受，讓會員覺得自己對發起公司很重要才是最關鍵的。

另一個常犯的錯誤是從會員提出申請到得到歡迎夾期間的時間太長。新會員在加入忠誠計劃之前，已經仔細地思考過這個問題，已經權衡了所有利益，最終才決定加入忠誠計劃。現在，他們渴望參加忠誠計劃的活動並享受它所提供的利益。平均來說，許多忠誠計劃要花 4～12 週的時間才能送出他們的歡迎夾或僅僅是確認他們已收到了入會申請。新的申請應在它們到達公司的幾天之內處理完畢，這樣歡迎夾就可以在前兩週內發出去。在開始與新會員建立關係時，就讓他們一直等下去——這太糟糕了。

圖 7-2-1　與會員溝通的方法

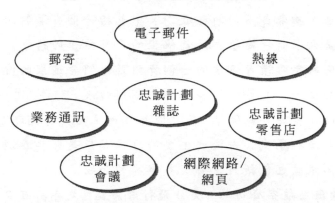

2.客戶忠誠計劃雜誌

　　忠誠計劃雜誌可能是最重要的溝通要素，是 B2C 環境中幾乎所有客戶忠誠計劃溝通的標準模式（B2B 計劃正慢慢地從客戶雜誌脫離出來，並開始使用網際網路、電子郵件、甚至是短信服務來溝通，因為他們認識到他們的會員很難有時間去讀其他雜誌）。忠誠計劃雜誌每年出版 2～12 期，頁數從 4～40 頁或更多，並形成了大量不同的編輯形式。忠誠計劃雜誌的內容如忠誠計劃的利益一樣不盡相同。下面，就讓我們來看一些例子。

　　·SWR3 是德國最受歡迎的廣播電台之一。它的忠誠計劃雜誌《ON》，包括對 SWR3 電台 DJ 的專訪，關於各個樂隊的消息，音樂會、CD、電影評論，以及關於最近及即將舉辦的忠誠計劃事件的文章。這本雜誌非常受歡迎，它不僅免費贈送給它的會員，而且還在德國各地的報刊亭內出售。

　　·Oetker 烘焙博士忠誠計劃雜誌《GugLhupf》為它的會員提供大量關於烘焙方面的資訊，如季節食譜、烘焙秘訣等。

　　·美國柏格國王兒童忠誠計劃方案主要針對 3～8 歲的兒童。

它的雜誌《冒險》，包括遊戲和一群特殊的忠誠計劃人物的連環畫。這些人物來自不同的種族，其中包括一個有著特殊需求的小孩。他被大家叫做輪子，因為他坐的是有輪子的椅子。這本雜誌想要向它的年輕讀者傳達的一個資訊是他們要追求的價值觀，如體育中的公平，並接納那些與自己不同的人。

· Steiff 忠誠計劃雜誌，在德國和美國主要是介紹不同的 Steiff 產品的起源和歷史。由於其主要的目標客戶是那些泰迪熊的收藏者，因而雜誌也包括對重要交易市場的介紹。

· 德爾塔航空公司的《美妙飛行者雜誌》為年齡在 2～12 歲的經常飛行者上演同種特色的故事片，如《小鬼當家》及《美妙遊戲及活動》，同時播送關於近期事件如奧運會的資訊以及與飛行有關的主題資訊。

總的來說，所有這些雜誌都側重於更廣泛的產品展示上。然而，在大多數情況下。公眾也能對目標客戶群普遍的感興趣的素材和報導起作用。任何忠誠計劃雜誌的一個最重要的方面是回應因素，它能促使並鼓勵會員或讀者主動聯繫忠誠計劃。方法雖然有很多種，但要包括一些特性：將完整的問卷交到那裏、在那兒撥打某個電話以得到免費的產品樣品、將如何使用產品的訣竅告訴大家、或寫信給編輯。讀者參與的一個極端的例子是 1.FC 麥卡林，世界著名的火車模型生產商麥卡林公司的兒童忠誠計劃的雜誌，它的文章全是由孩子們寫的。

忠誠計劃雜誌共分成三種類型。第一種雜誌只提供給忠誠計劃的會員，而且只刊登與忠誠計劃相關的消息。第二種雜誌也只向會員提供，但風格很像流行雜誌，文章涉及的主題很廣泛，而與忠誠計劃相關的內容只有幾頁。第三種雜誌即免費向它的會員

提供，還以某個價格向公眾出售。任天堂公司的忠誠計劃雜誌、SWR3 忠誠計劃雜誌《ON》以及 Herpa 收藏者忠誠計劃雜誌《Der Maβ tab》都是這樣的例子。這種方式在忠誠計劃的溝通中較少採用。

忠誠計劃雜質的其他優勢包括：

- 雜誌的內容能夠針對忠誠計劃會員的需求和興趣，忠誠計劃與讀者生活方式的一致性增加了他們之間的聯繫。
- 能夠以較低的價格定期發佈廣告，它可以提供更多的資訊，而且其可靠性要比其他雜誌或報紙的廣告來得顯著。

3.個性化的郵件及業務通訊

對創造客戶忠誠及增加會員的購買量來講，個性化的郵件也是一種有效的工具。每年應發送 2～4 次（如果你公司沒有雜誌或網頁的話，次數應該更多）這類郵件，告訴會員忠誠計劃的活動、從忠誠計劃現場得來的最新消息等，還可以包括特別提供的產品、對新產品或改進產品的說明以及/或產品資訊。這個工具主要是將新產品及其發展情況告訴會員，但同時也希望能夠增加會員對這些產品的需求量。這些郵件是忠誠計劃和發起公司所擁有的絕佳機會之一，可利用它進行有效的一對一行銷。因為根據對會員近期購買行為的分析，可以將產品進行更個性化的改進。如果這些郵件系統是正確地建立起來的，並包括給忠誠計劃會員提供特製產品的資訊，它們就能讓忠誠計劃的會員覺得自己很特別，自己對公司很重要，從而提高了客戶忠誠的可能性。生日及會員週年慶典是用禮品或特別提供產品與會員接觸的絕好時機，它還能增強會員對於忠誠計劃的感情。

遺憾的是，至今僅有很少的客戶忠誠計劃能夠發掘出這些個性化郵件的全部潛力。其主要原因是他們沒有建立專業的數據庫

行銷系統，沒有有效地使用他們得到的資訊。這些郵件要包括那些為公司的研發部門、市場調查部門、產品行銷部門及其他部門提供富有價值的獨家資訊的回應因素，這些因素可以被納入到各部門的戰略之中。而且，通過使用個性化的郵件，能夠更清楚地傳播特別提供產品的資訊，銷售合約也更容易建立，忠誠計劃的會員也會更主動地與忠誠計劃的代表溝通。這些郵件不應被降格為只是為了賣掉忠誠計劃的商品或產品，它應該包含對會員有吸引力的資訊和特徵。

4.客戶忠誠計劃熱線

由於打電話是當今最常用的溝通方式，忠誠計劃熱線最好是免費電話，是忠誠計劃溝通組合中的最重要部份。忠誠計劃熱線的實用性鼓勵會員主動地、自發地與忠誠計劃聯繫。調查表明大約有 99%的與忠誠計劃的溝通是通過電話進行的，但令人吃驚的是至今仍有很多忠誠計劃沒有設置熱線電話。

只將電話號碼簡簡單單地提供給會員還不夠，通過撥打熱線電話，會員要能夠訂購產品、獲得其他忠誠計劃的利益、得到有效的幫助和/或諮詢服務、或處理他們的投訴。這就是說，忠誠計劃服務中心（在某些情況下要負責電話熱線）或呼叫中心，必須配備合格的且經過培訓的員工。如果會員——你最重要的客戶不得不與公司的總機、自動回應系統溝通、或由公司的接線總機回答他們的來電，那他們對忠誠計劃的評價就會很低。這當然不能幫助公司建立起忠誠計劃想得到的富於感情的關係。在會員最有可能打電話來的時間一定要有服務人員接聽電話，包括晚上和週末。B2B 忠誠計劃的會員大多是專業人士，可能不需要週末提供服務；但電視遊戲的忠誠計劃熱線週末一定要有專人守候。

　　熱線電話業務機構必須有權進入忠誠計劃數據庫以便能看到聯繫記錄並將歷史記錄更新，向計劃服務中心傳輸指令等。

　　要積極使用熱線電話以支援公司的投訴管理工作。儘管有96%的不滿意客戶從來不會投訴，但這些沉默的、不滿意客戶中會有36%的人不會再買你的產品，而投訴的客戶中有90%會不再購買你的產品。公司不是要回避客戶的投訴，而應該主動地鼓勵他們盡可能給予反饋意見。客戶投訴是找出產品存在的問題以及發現新的產品需求的最好方法。最重要的是，這些意見是免費的。以真誠而專業的方式儘快處理客戶的抱怨，是將不滿意客戶轉變成忠誠客戶的最好方法。

　　採取這種行動的一個極好的例子恰好發生在墨西哥坎昆市Med俱樂部總經理的身上。Med俱樂部的會員飛往墨西哥，飛機起飛時就已經晚了6個小時，中途未按時間安排又停了兩次，又耽誤了很多的時間。最後飛機又在墨西哥機場上空盤旋了半個多小時才降落。總算下來，乘客花在此次旅行上的時間比原定的時間多了10個小時，而且飛機還沒有供應食品和飲料。更糟的是，在坎昆市著陸時很困難，以致氧氣罩從分隔室內掉了下來。那一次，俱樂部的會員真的是被激怒了，他們請了碰巧乘坐同一飛機的一位律師，聯合起訴Med俱樂部。

　　Med俱樂部的總經理得知了這次可怕的飛行之後，提出了一個偉大的方案。他和一半的乘務人員驅車趕到機場，擺上桌子，桌子上擺滿了各種精美的小吃和飲品，並準備好播放音樂的音響設備。所有到達的乘客都得到總經理的親自迎接，他們的行李被小心地保管，酒足飯飽之後，被送回到他們的酒店寓所。在Med俱樂部，還舉行了一場大型的自助晚宴，邀請了墨西哥流浪樂隊，

並提供免費的香檳。俱樂部的其他會員也被邀請參加,聚會一直持續到第二天清晨。後來,許多客人說自從大學畢業以後,他們還從來沒有那麼開心過呢。

雖然起初的經歷叫人很不愉快,但總經理的快速反應肯定將許多憤怒的客戶在那晚轉變成了忠誠客戶。由於客戶忠誠計劃主要是與那些更重要和/或經常性的客戶打交道,所以它的潛在影響力是巨大的。

5.網際網路和電子郵件

網際網路也爲客戶忠誠計劃運用新的媒介與會員溝通提供了機會,無論是通過自己的網頁還是通過電子郵件。以前,只有少數的忠誠計劃有效地使用了網際網路,如斯沃琪俱樂部、SWR3電台的俱樂部或美國的大眾汽車俱樂部。經常飛行者計劃在這方面也起步較早,並將忠誠計劃的大部份活動放到了網上(例如你可以在網上查詢你的飛行里程數、在網上訂票並獲得回報、通過電子郵件得到業務通訊等)。他們意識到利用網際網路和電子郵件可以節省大量的成本,同時可以更有效地爲會員提供服務。你無需印刷精美的雜誌並將它們寄給會員,而只要將內容以 PDF 的文件格式放到網上讓會員下載就可以了。對會員來說,這可能並沒有什麼不同,當你的目標客戶經常使用網際網路時更是如此。如果你的目標客戶群是混合型的,那你可以慢慢地將網際網路和電子郵件作爲溝通工具,你可以對上網的會員提供線上資訊,而對那些不上網的採用傳統的溝通方式。隨著時代的進步,後一種人越來越少,那樣你就可以節省出大量的成本。使用網際網路溝通費用低廉,同時網際網路使溝通更頻繁、更及時、更具多樣性,這都是形成客戶忠誠的強有力的因素。而且,網際網路還可以用

作所有溝通流向的工具（計劃——會員及會員——計劃、公司內部及與外部環境溝通以及會員——會員）。

忠誠計劃的網頁不應該用來說明忠誠計劃的利益和活動，而是要用它吸引新的會員。通過流覽公司的網頁，線上遊客已表現出對公司及產品的興趣，應該為他們提供通過網際網路加入忠誠計劃的機會，與網頁有關的行銷工作同樣不要考慮遊客的數量。網頁有很多的優勢，可以利用網頁出售忠誠計劃的商品及產品，高度的互動可以使得有機會與會員進行單個的對話、懇請會員提出寶貴意見、每天或至少每週提供產品或服務升級的資訊以鼓勵網上衝浪者反覆瀏覽，從而增加溝通的機會。但要在網頁上專門為會員開闢出會員區，並且只能憑會員名稱和密碼才能進入。

6. 與客戶忠誠計劃會員溝通的其他方式

其他溝通方式包括忠誠計劃事件和會面，這能使會員與其他會員及來自發起公司和忠誠計劃的人會面。忠誠計劃事件，如忠誠計劃旅行或忠誠計劃售貨亭或貿易展的休息室，能使忠誠計劃的管理者與它的會員面對面地進行交談，不僅可以促進會員間的資訊交流與對話，還能促進會員與管理者間的資訊交流與對話。但這種形式的溝通要經過仔細的計劃，而且還要記住，許多會員對與其他會員見面不太感興趣，這在很大程度上取決於忠誠計劃所處的環境。火車模型或泰迪熊的收藏者可能比其他群體對會面更有興趣。忠誠計劃會議或事件能起到重要作用，如果產品環境更具感情色彩或更專業（如汽車、電影或 B2B 領域），諸如哈里·大衛斯擁有者群體的忠誠計劃會定期組織這種會面，並大獲成功。

只有很少的會員會將忠誠計劃的零售點作為聚會的地點，但對那些已經擁有龐大零售網路，而且客戶經常光顧這些零售點的

公司來說，如零售行業，這卻不失爲溝通的一個好方法。宜家公司參加會員制計劃的每個零售點都爲宜家家庭會員開設了家庭商店，在這個商店裏，會員能得到特別提供的產品等。

7. 會員間的溝通

在某些情況下，會員對與其他會員見面以及交流他們的想法並討論共同的問題等很感興趣。通常，這種情況存在於會員爲收藏者或具有某種共同愛好（如火車模型）的 B2B 計劃及 B2C 計劃中，以及所有會員對某一主題有著強烈的興趣或工作中存在類似的問題的情形中。當設計計劃的利益時，這一方面也要納入市場調查之中。會員間的溝通可借由普通的網上聊天室、地區間的會面、每年的忠誠計劃大會以及貿易展上會員專用的休息室來進行。

8. 公司內部溝通

有關忠誠計劃的資訊也要在公司內部進行溝通。只有發起公司的全體員工一致支持忠誠計劃及其概念，並在創造客戶忠誠過程中發揮出他們的作用時，客戶忠誠計劃才能行之有效。對那些經常與客戶接觸的員工來說，瞭解忠誠計劃的原則和目標，瞭解忠誠計劃對會員的重要性，並以正確的態度對待會員都是極其重要的。如果會員有兩到三次對你的態度不滿意，或公司的產品經常出現問題，那世界上沒有那一個忠誠計劃能將這位客戶變爲忠誠客戶、終身客戶，不論它的忠誠計劃概念有多好。

當忠誠計劃的效果與公司或產品性能的差距太大時，就會出現問題。爲防止這種情況的出現，要將忠誠計劃及其目標告訴所有的員工，並且要在忠誠計劃開始實施之前讓他們接受特別的培訓。員工要能滿足客戶的請求或回答關於忠誠計劃的問題，並知道如何有禮貌地回應各種評論。下面看一個反面的例子。

歐洲一家生產安全服裝及設備的公司在 1996 年的一個重要的職業健康及安全貿易展上推出了 B2B 忠誠計劃。當我們打電話給這家公司，想得到更多關於忠誠計劃的資訊時，電話被轉給公共關係部及行銷部的三個不同的人。但這三個人中沒有一個人知道忠誠計劃的情況，更不用說提供給我們所要的資訊了。

通過公開支持忠誠計劃，高層管理者必須爲其他員工樹立一個榜樣。管理者必須認識到忠誠計劃的遠景並保證給予長期的財務及基礎設施上的支持。他們有責任讓那些可能持批評態度的人可能是外部合作者、財務支持者或企業管理者相信，忠誠計劃會起到很好的作用並產生令人滿意的結果。

9. 與外部環境溝通

忠誠計劃的最後一個溝通領域是忠誠計劃與外部環境之間的溝通。通過媒體對忠誠計劃的宣傳，不論是關於忠誠計劃活動的報導還是爲忠誠計劃做廣告，或者由發起公司在一般的報導中提及忠誠計劃，忠誠計劃都能在客戶心中留下印象，並贏得新的會員。定期出版包含會員增長、忠誠計劃活動及類似資訊的刊物，都會讓媒體產生興趣。

這一溝通領域還包括通過派發傳單爲忠誠計劃做廣告、在相關行業的出版物上打廣告、電視銷售，包括在發起公司網頁發佈忠誠計劃的資訊，或向現有客戶派發資訊夾。在忠誠計劃最初實施的幾個月內，必須要做大量的廣告以保障會員數量快速增長。這點非常重要，因爲一些忠誠計劃的利益需要會員數達到某種臨界點後，才能負擔得起或有利可圖，而且會員數量增長率是衡量忠誠計劃成功與否的指標，它能激勵忠誠計劃的管理者及懷疑者。

第三節 （企業案例）萬客隆量販店的會員制

一、萬客隆量販店的做法

萬客隆是實行會員制的倉儲式大商場，它有如下特點：

1. **特點**

⑴商品。商品策略是為會員提供比一般零售商更低的價格及更高的品質保證。一個標準會員店有 4000 種左右產品，產品線窄而淺，品質高，價格低，大包裝。主要商品是高科技產品、高檔生活用品、新鮮食品、進口食品及特別為會員開發的自有品牌商品等。

⑵營運。現購自運（Cash & Carry），倉儲式連鎖經營，電腦化管理，提供與賣場營業面積同樣大小的停車場。

⑶店址。城鄉結合部的交通要道，面積在 6000 平方米以上。

⑷目標顧客。中小零售商、餐飲店、集團購買，憑收費會員卡消費，批發與零售兼營。西方的會員店是在百貨店和超市充分發展成熟後出現的業態，滿足了特定消費者群體的特定需求。美國的普爾斯馬特會員店、沃爾瑪山姆會員店、荷蘭的萬客隆、德國的麥德龍等均是這一業態的典型代表。在商務部最新公佈的零售業態分類新標準中，倉儲式會員店名列其中。

2. **優點**

⑴擁有相當數量的會員。購買力很強的私營業主、商號、機

關團體會員，使萬客隆擁有長期固定的顧客群，可以將促銷成本降到最低限度。同時，由於只有持會員卡的人方可購物，從而強化了其「薄利多銷」的形象，對非會員產生強烈的激勵作用，競相加入會員的行列，使其顧客隊伍更加壯大。

(2)會員制有很強的心理誘導作用。會員制容易迎合一般市民的好奇和趨新的心理。辦卡不收費，只要擁有一張萬客隆會員卡，在世界各地的萬客隆均可購物，況且萬客隆又標榜爲有車一族購物提供會員免費停車位，令開車人仕有一種「貴族感」，凡開車前往者必大量購物。

(3)會員卡成爲資訊傳遞、資訊收集的重要工具。萬客隆的顧客，每次購物後到收銀機上刷卡的同時，都將購買次數、一次購買額及累計量、購買品種等資訊留下，商場無需再投入調查就可及時獲得寶貴的資訊，供決策者們分析參考，及時做出正確的決策。

(4)會員制有利於商家和顧客的雙向交流。萬客隆每兩週向會員們寄送一份《萬客隆快訊》(Makromail)，介紹促銷活動的資訊，同時顧客反饋回來的資訊又便於萬客隆的決策者們瞭解市場需要，聽取顧客的意見和建議，並及時修正其經營方略，更好地爲顧客服務，使「返客率」不斷增加。

但是，會員制也存在一些負面影響。例如，很多個人消費者不能進入商場消費，商場就失去了這部份消費群體；另外，謝絕1.2 米以下兒童入店，也影響了消費者的購買情趣，客戶喜愛逛商場，一家三口人一起逛非常普遍，若謝絕兒童，也會流失一部份消費者。萬客隆對此的解釋是爲安全考慮，因爲店場內有堆高車作業。

二、萬客隆快訊

《萬客隆快訊》是萬客隆最重要的促銷手段，因爲快訊商品的銷售額佔到整個商品銷售額的 40%，即 20%商品的銷售額佔到全部商品銷售額的 40%。《萬客隆快訊》每兩個星期出一期，不間斷地進行，印刷精美，有實物照片、價格、品名，有主題促銷，有文字描述促銷，有重點商品促銷，等等。從萬客隆的成功經驗看，這一方法確實奏效。

《萬客隆快訊》的特點：

1.季節性很強

商業受季節、節日的影響非常大，快訊就順應了這一點，提前準備、安排並及時將資訊傳給消費者，使消費者及時得到應季商品。

2.信息量大

每檔快訊有 120～130 種商品，信息量很大，很多顧客經常是看著快訊到商場來採購商品的。

3.價格更低

萬客隆從不使用打折的促銷方法。因爲商場認爲，打折只能換來暫時的銷售額上升，而打折過後，商場的買賣就不好往下做了。並且，消費者的購買心理會是「等打折時再買吧」，這使商場的銷售額降低。而《萬客隆快訊》是不間斷的，每期的產品不同，價格非常低，加價率只有 1%～2%，即用「瘋狂價」來使顧客大量購買，刺激消費慾望，帶動其他商品的銷售，樹立「薄利多銷，買者受惠」的形象。

4.多種快訊，降低費用

　　傳統《萬客隆快訊》是兩星期一期。另外還有四天快訊、一天驚喜價。既有小冊子方式，也有單面印刷方式，但都是部份產品的促銷，以點帶面，使銷售額全面上揚。而通過快訊將最新的商品資訊發佈出來，不再花錢登廣告，可以降低成本。但同時也存在缺點，由於快訊是不間斷地以郵寄方式派送，而反饋回來的資訊也要及時處理，這必然會耗費一定的人力、物力和財力。

心得欄

第 *8* 章

會員制的收入與費用

🔊 第一節　會員制的收入

　　會員制俱樂部的建立需要企業投入人力、物力及財力，這些成本可以概括分為：會員招募成本、會員聯繫成本、獎勵成本、服務成本及管理成本等。

　　因此，企業需要設定有針對性的定量及定性指標，以便衡量忠誠度計劃的效果，同時將短期利益和長期利益相結合。

　　據德國某研究機構所做的一項忠誠計劃的研究表明，在被分析的忠誠計劃中，有 45%通過計劃本身籌集到 76%～100%的所需經費。這表明，即使沒有總體行銷預算的大力支持，忠誠計劃也有可能經營下去。

　　會員制俱樂部的經費除了來源於企業的投資外，還有一些辦法可以使俱樂部創造出直接或間接的收入。

會員制俱樂部的經費來源，來自會員交納的費用，例如：

(1)入會費；保證金；管理年費（或月費）。

(2)會員或社會各種合法途徑提供的捐贈及贊助。

(3)銷售會員特製產品取得的收入。

(4)舉辦各類特殊活動取得的合法收入。

(5)在核准的業務範圍內開展有償服務的收入。

(6)企業專項撥款。

(7)其他合法收入。

1. 入會費/會員費

創造有保證且可衡量的收入的一個最好的方法是收取一次性的入會費和/或一年的會員費。入會費的優點就是它能夠名正言順地予以收取，因為申請入會、製作會員卡以及派送邀請書等都會有成本，因而感興趣的會員需要承擔最小量的財務負擔。而且，忠誠計劃省去了提醒會員每年更新申請他們的會員資格的麻煩。另一方面，每年的會員費形成了一項穩定的收入，而且能幫助將那些不積極的客戶排除在外，並能更新數據庫的資訊。這與客戶忠誠計劃是開放型還是限制型密切相關。

入會費/會員費賦予了忠誠一定的價值，因為許多客戶，雖然習慣接受免費產品，但認為免費的東西比花錢得來的東西的價值要低。忠誠計劃收取的費用要根據目標客戶群的財務狀況來設定。加入兒童忠誠計劃的費用就要很低，因為小孩子口袋裏的錢是有限的（雖然很多情況下是由家長來支付入會費）。而 B2B 忠誠計劃收費就可以達到 60 英鎊或者更高。另一個要考慮的因素是忠誠計劃提供的利益包的價值。這些利益的價值越高，對會員越有吸引力，也就可以收取更高的費用。

大多數以消費者為導向的忠誠計劃的年費在 3～5 英鎊之間，但 B2B 忠誠計劃的會費通常很高，平均每年為 40～150 英鎊（最高為 700 英鎊）。免費入會、入會費或年費，那一種體系最好呢？這取決具體的情況，特別是忠誠計劃的目標、目標客戶群及其價值。

當章爾登書店推出其「讀者最愛」計劃時，第一年，就有超過 450 萬人的註冊成為會員，每人交納了至少 5 美元（約合 3 英鎊）的費用。也就是說，客戶自願提供的行銷基金至少有 2000 萬美元之多（約合 1200 萬英鎊）。

2.銷售客戶忠誠計劃的商品/特別提供品

創造收入的另一個可行的辦法是只向會員提供忠誠計劃特別商品及特別產品的目錄。特別提供的商品可以包括所有的東西，從傳統的棒球帽、T 恤衫、咖啡杯到更為昂貴的商品，如便攜 CD 播放機、手機、旅行箱等。所有這些商品都要以某種形式將公司的 LOGO 展示出來。

原則上說，這些僅向會員提供的特別產品要不同於發起公司的產品（例如，特別設計的手機、或外觀獨特的領帶、或口味特別的穀類）。這些特別的產品應該：

· 與忠誠計劃的整體形象相配
· 質量很好，至少要與平常使用的產品質量相當
· 價格要有競爭力，如果可能的話，要低於平均的零售價
· 只向會員出售

提供劣質產品不會帶來任何好處。如果會員對忠誠計劃的產品感到失望，那麼這種負面的感覺很容易會影響到公司提供的正常產品。

3. 從外部合作者/信用卡公司得到的佣金

忠誠計劃的會員以及經過很好歸類的目標客戶群對許多外部的公司都極具吸引力，他們願意支付佣金，以便能向忠誠計劃的會員提供他們的產品或服務。忠誠計劃應在什麼時候選擇外部合作者並與之合作呢？對此需要考慮以下幾方面的因素：

(1)外部的合作者提供的產品必須要與發起公司的產品質量相當，而且要能幫助忠誠計劃達到它的目標，還應該實現忠誠計劃所提出的想法。例如，一家高級女式成衣服裝設計公司提供定位相似的品牌，如杜邦或勞力仕的仿製品，只會對忠誠計劃起到反作用。

(2)外部合作者不應與忠誠計劃會員的直接接觸。忠誠計劃必須保持對外部合作者與會員間溝通次數及溝通內容的控制權，以防止外部合作者向會員提供過量的或不適合的產品。因此，外部合作者提供的所有產品都應通過忠誠計劃的媒介（體）引起會員的注意。

(3)忠誠計劃不應該淪為一場狂熱的銷售熱潮。謹慎選擇合作者，確定在何時及多長時間內提供產品（例如，季節性的或僅限於很短的一個時期），以保護那些主要的、與產品相關的利益，只有這些利益才能創造出客戶忠誠。會員注意的焦點應該是你的產品，而不是合作者的產品。

如果客戶忠誠計劃提供了信用卡，從信用卡的使用中獲得的佣金也能帶來大量的收入。保時捷卡每張卡的年交易額約為 8000 英鎊。在德國，萬事達卡用戶的年交易額僅為 1500 英鎊左右。

4. 客戶忠誠計劃雜誌/網頁上的廣告

廣告招商是另一種產生收入的好辦法。忠誠計劃雜誌、業務

通訊、郵件以及忠誠計劃的網頁都爲廣告招商/招租提供了極好的機會。在此要考慮的問題與選擇外部合作者時所考慮的問題相似。廣告要與忠誠計劃的形象相配，最好是能支持它的形象，所以要對廣告的內容進行篩選，以避免含有強烈的促銷企圖。而且，要限制廣告佔用的空間，以防止忠誠計劃雜誌變成一本漂亮的廣告集。同時還要確保讀者不會對廣告產生負面感覺（如果忠誠計劃雜誌是給兒童看的，要避免家長對廣告產生負面感覺）。另外，廣告不能影響到客戶對公司產品及相關特性的注意力。

Fox kids 忠誠計劃是忠誠計劃會員方案管理良好的範例。它的名單並沒有在市場上公開，但忠誠計劃的管理層並不反對通過郵件與廣告商合作，如果他提供的產品對會員有價值的話。

5.向客戶忠誠計劃的特殊活動收費

如果忠誠計劃組織特別的活動如忠誠計劃旅行、忠誠計劃會議、音樂會等，在多數情況下可以向會員收取費用。提供重大賽事（如溫布頓網球公開賽）的特價票對會員極有吸引力。1991年，美國運通公司在德國的法蘭克福專爲美國運通卡的持卡人組織了一場弗蘭克·西那塔的音樂會，票價在 20～35 英鎊，7000 張票在幾週內就銷售一空。除此之外，此次活動的媒體宣傳做得也非常成功，幾乎所有主要的商業期刊和日報都刊登了美國運通公司品牌。

6.對客戶忠誠計劃的利益收費

最後要講的是，並不是忠誠計劃提供的所有利益都是免費的。利益的認知價值越高，人們就越願意爲其支付費用。當然，並不是所有高價值的利益都要向會員收費，但有些利益如故障排除服務，一般情況下不要免費向會員提供。但這種利益的收費與

市場上可得到、可比的利益相比，具有一定的競爭力。

　　要從忠誠計劃的角度來看彌補不同利益成本的問題，而不是從利益的角度來看這個問題。產生收入的利益能幫助收回那些不能產生收入的利益的成本。那剩餘的成本就要靠行銷預算來彌補。

7.限制會員的數量

　　降低客戶忠誠計劃會員的一個好辦法是將會員人數限制在某個特定的數字內，限制會員人數有很多優勢：

- 由於會員人數不變，容易計算較長時期內的固定預算，同時成本只會緩慢地增長並易於控制。
- 忠誠計劃要不斷地控制並更新它的數據庫以清除不活躍的客戶或不屬於目標客戶群的客戶，以便給新客戶騰出空間。
- 定期更新數據庫保證了只有那些真正感興趣的客戶才能成為會員，這也增加了忠誠計劃行銷活動的效果以及數據庫中數據的價值。
- 有限的會員人數增加了忠誠計劃及會員資格的吸引力，並使忠誠計劃能夠收取更高的會員費（那些等待入會的名單排到幾年之後的高級高爾夫或鄉村俱樂部都是極好的例子）。
- 積極參與的會員對直接的行銷活動有更高的回應，而且通過更高的產品銷售額增加了忠誠計劃的收入。

限制會員數量也有如下的一些缺點：

- 並不是所有感興趣的客戶都能加入到忠誠計劃中來，這意味著有價值的資訊會被排除在數據庫之外。
- 感興趣的客戶可能因等待入會而產生失望甚至煩躁的情緒，可能會一氣之下抵制發起公司的產品。

◀))) 第二節　會員制的經費支出

　　所有的成本及收入資訊都應收集到預算數據表——一種類似於資產負債表的表中。通過使用不同的成本假設並將數據輸入到預算數據表中，對於防此意外事件的發生很有幫助。這個過程能讓你回答出如下的問題：「如果第一年入會的人數是 10000 人，而不是原計劃的 5000 人，那成本是如何增加的呢？對忠誠計劃基礎設施的必要投資會達到多少，而增加的收入又會有多少？」或者「如果會員人數只有 2500 人，結果會怎樣呢？忠誠計劃仍能獲得成功嗎？忠誠計劃服務中心免費提供的服務其成本是多少？公司的其他部門能否使用這種服務呢？」——最壞的情形、最可能的情形以及最好的情形都要考慮到。如果假設某種情形真的發生，那對這些問題的回答就能幫助公司迅速制定出行動方案。對這種極端的及不期發生的情況做好準備，能極大地減少潛在的危害。

　　經費的管理包括：

- 所有經費必須用於與俱樂部發展相關的事務，不得在會員中分配；
- 經費由俱樂部專人負責掌管，負責人監督其使用；
- 財務人員應保證財務的真實、合法、完整和公開；
- 會員經費定期向社會公佈，接受有關部門的監督和審查。

　　通常，企業要維繫一個大約有 100 萬名會員的忠誠計劃，每人每年平均要花費 2～5 美元的註冊費用和 1.75～6.00 美元的溝

通費用，而獎勵費用根據行業和計劃內容的不同而不同，企業為此付出的代價是顧客消費額的 2%～10%。

這就意味著，對於這樣一個擁有 100 萬名會員的忠誠計劃，企業每年至少要付出 400 萬～800 萬美元的代價！這還不算用於行銷和管理方面的成本，如系統、配送支援等投資。

會員制行銷的最終目的是提高企業的利潤，但是，隨著其在各個行業和不同規模企業中的普及，它實施的成本過高，因此越來越難得到企業決策者和財務管理人員的支持。企業不僅要清楚它們在忠誠計劃中的花費到底是多少，還必須清楚這些錢是怎麼花出去的。

以下幾項是會員制行銷的主要花費，看看是否可以採取相關措施降低成本：

1. 會員註冊和溝通費用

這部份費用主要指的是企業為了吸引消費者加入會員俱樂部以及和顧客保持長期的關係，從而產生的相關費用，其中包括推廣會員制行銷的廣告費用、會員註冊的固定費用、計劃實施過程中的促銷費用和溝通費用等。

「忠誠計劃的會員基礎」是忠誠計劃實施的最大花費之一，因此高效的管理至關重要。任何會員制的目的都是幫助企業獲得那些最具價值的顧客或潛在顧客。但是，常見的情況是，隨著忠誠計劃實施時間的延長，納入計劃的會員就會變得越來越多、越來越難管理。更糟糕的是，他們中有相當一部份是「沒有行動的會員」，這些人不但沒有讓企業的銷售和利潤得到增長，反而大大地增加了企業的溝通成本。

根據美國 2002 年所做的「Maritz 忠誠行銷民意測驗」顯示，

64%的美國人參與了某個零售商的忠誠計劃，但是只有24%的人加入忠誠計劃後購買比例超過以前。

企業必須準確地將那些真正對企業發展有戰略意義的顧客找出來。酒店行業是最早意識到這一點的，它們每隔一段時間就會「修剪」一次數據庫，把那些不活躍的消費者從數據庫中清除出去，保持一個清潔的顧客數據庫。

選擇便宜高效的直郵，店內促銷和Internet作爲溝通媒介。美國大陸航空公司嘗試用登機牌代替直郵信件，來通知顧客他們的賬戶狀況和獎勵里程。這一簡單做法每年爲公司節約了 50~100 萬美元！

但是企業也不要自作聰明。曾經有一家信用卡公司將公司最新的促銷資訊印製在了顧客消費明細表的背面。這種做法確實減少了成本，但是卻完全沒有達到傳達資訊的目的——因爲顧客的視線完全集中在了賬單上，壓根就沒有注意賬單背後的促銷資訊。

2.管理和行政費用

管理和行政費用主要包括處理消費者數據的軟體安裝和實施費用、日常管理的固定費用和管理人員費用等。一般來說，一套較大的 CRM 軟體可能就要花去企業上百萬美元。

隨著忠誠計劃的擴展以及和其他企業建立聯盟，管理和行政費用所佔的比例會有一定的降低。通常，這部份費用大約只佔到預算的 15%~20%，不過中小型的 B2B 企業運轉費用要高一些。

3.僱用會員管理人的開銷

會員制計劃的推廣最重要的投資就是建立起一支會員管理隊伍。一個企業如果擁有一支優秀的會員管理隊伍的話，那就證明該企業推廣會員制計劃很成功。

　　根據 Forrester Research 的新會員市場模式報告來看，一般的商家都會僱用若干名管理會員程序的人。不過，關於市場人員的薪水，美國會員經理聯合會制定了一系列的統計資料。7%的經理低於每年 4 萬美元，44%的經理每年收入 4 萬～5.9 萬美元，30%的每年薪水在 6 萬～8 萬美元，而有 19%的經理每年收入超過8 萬美元。所以說，僱用一個會員管理人員的開銷也是很大的。

4.維持計劃持續性的費用

　　維持計劃持續性的費用主要指的是企業爲了兌現積分計劃，提供給消費者的獎勵費用。忠誠計劃一旦啓動，就有比較長的生命週期，維持計劃持續性的費用一般不菲，計劃一旦出現錯誤，往往也難以糾正，讓企業有欲罷不能、騎虎難下的感覺。

　　20 世紀 90 年代初，美國長話通訊公司之間競爭激烈，經常推出各種促銷計劃吸引消費者。例如，財大氣粗的 AT&T 動不動就把 100 元支票寄到不是 AT&T 顧客的家中，只要他們轉到 AT&T 成爲它的客戶，就能兌現 100 美元支票。

　　那麼，AT&T 的忠誠顧客會得到什麼呢？如果你「忠誠」於AT&T，你首先得不到其他長話通訊公司（如 MCI、SPRINT）寄給你的優惠券（MCI 的優惠券通常在 40 美元左右），因爲只有轉出AT&T 的客戶才能兌現該優惠券。其次，AT&T 公司也不會把 100美元的支票寄至你的家中。當然，你肯定也無法享受 AT&T 促銷的優惠電話費率（往往只有正常電話費率的 1/2 或 1/3）。所以，當時很多 AT&T 的顧客選擇了接受其他公司的促銷優惠券，離開 AT&T公司，然後再接受 AT&T 的促銷優惠券，享受 AT&T 的促銷通話費。

　　企業實施顧客忠誠計劃的結果，竟然促使「忠誠」的顧客變得不忠誠，而且大大增加了企業的促銷成本，讓企業利潤銳減！

由此看來，忠誠計劃雖然是一個提高忠誠度的忠誠計劃，但有風險，做不好反而會損害忠誠度，對企業的品牌造成很大的影響。

因此，無論是忠誠計劃的貫徹還是獎品的質量，都必須得到充分的保障。即使優惠很低的會員制計劃也會對顧客造成根深蒂固的影響，任何變動或終止都必須通知他們。某項忠誠計劃一旦推出，即使顧客沒有積極參與，也往往會因為被「剝奪」了某些實惠而產生反感情緒。而且，計劃的推出越成功，結束這項計劃就越困難。消費者參與某項計劃有「不愉快」的經歷之後，會加深對日後跟蹤計劃的不信任感，而且可能會喪失對這家公司的整體信賴感。

8-2-1　入會申請書（個人型）

姓名		其他名	
出生年月		性別	
學歷		職稱	
語種		民族	
身份證號			
通訊位址		郵編	
電話/傳真			
工作單位			
職業		職務	
選擇會員種類	金卡銀卡	會籍＿＿＿年	付款方式＿＿＿期
附卡持有人資料			
入會推薦人			

8-2-2　入會申請書（法人型）

法人名稱				
註冊地址		註冊資本		
通訊位址			郵編	
電話/傳真				
法定代表人				
法人核准 經營範圍			職務	
選擇會員種類	金卡銀卡	會籍＿＿年	付款方式＿＿期	
附卡持有人資料				

第三節　（企業案例）航空公司的轉變

　　英國航空公司一直致力於成為世界上最賺錢的航空公司，特別是董事長羅德·埃丁頓（Rod Eddington）在 2000 年公司出現虧損的情況下，充分利用客戶關係管理策略，對公司的發展策略進行了徹底改革，使英國航空公司扭轉了 2000 年高達 1.6 億美元的虧損，於 2001 年贏利 5.58 億美元。

　　由於市場已經成為一個充分競爭的市場，每個行業都有很多競爭者，產品或服務的同質化程度越來越高，導致客戶的忠誠度越來越低，由於服務、價格等原因，客戶流失也越來越嚴重。

　　1992 年歐盟頒佈了《單一歐洲法案》，許多原來國家之間的

貿易壁壘被取消了。同時，相繼而來的對監管的放鬆也使得任何一家歐盟區內的航空公司都可以在歐盟區內自由飛行，這一措施導致出現了很多新的、低成本的航空公司。與其他眾多的公司一樣，英國航空公司並沒有對這一變化做出快速反應。2000 年，公司歷史上第一次沒有贏利。

一、細分客戶，挖掘利潤型客戶的潛力

1.鎖定目標，不打折

埃丁頓知道，有些客戶並不能給公司帶來利潤，因此他只想把目光集中在那些能給公司帶來利潤的客戶身上。他樂意放棄那些對價格非常敏感的度假旅遊的旅客，而把注意力集中在那些可以為公司帶來更多利潤的商務旅客身上。

埃丁頓說：「我們的目標是那些商務旅客和有眼光的休閒旅客，他們更樂意為高級服務多支付一些報酬，我們不再採用機票打折的做法。」

2.精品航線，縮減客艙容量

新董事長通過對公司所有航線進行大量分析，認清了每條航線的贏利能力，從而放棄了那些不賺錢的航線。公司採取的一項重大策略就是在 2000 年把班機的客艙容量減少了 10%，並且提出要在來年繼續減少 10%。他採取這一措施時，其他航空公司如漢莎航空公司和法國航空公司都把自己的客艙容量提高了 5%。

埃丁頓的另一個策略就是通過增加往返於商業中心的小型客機的班次來贏得更多的高端客戶，他用 A318 和 A319 等小型客機取代了原來的那些大型客機。

　　現在大家都知道，企業經營的核心應該從以產品為中心轉變到以客戶為中心，但並不是以所有的客戶為中心，而應該是以一部份挑選出來的客戶為中心。因為企業的資源是有限的，所以它應該只選擇那些「具有贏利價值的客戶群體」。

　　英國航空公司是在面臨經濟困難的時候採取措施，讓那些具有贏利價值的客戶感到滿意並改善其財務指標的。英國航空公司並沒有採取世界上大多數航空公司的普遍做法——大幅降價，它的這種做法讓這些降價的航空公司利潤大幅下降，有些最終破產。

　　相反，英國航空公司對自身的經營策略進行了重大調整，它把重點放在了那些為其帶來更多利潤的客戶身上，並通過一些措施來支持這一策略。

二、保留有價值客戶，加強客戶服務

　　英國航空公司充分認識到優先客戶群體對自己的重要性，不斷改善自己對這一群體的服務質量。英國航空公司及時更新自己的網頁，從而使其會員俱樂部的 300 萬會員全部可以通過個人電腦或者數字移動電話進行購票、選擇和預訂座位以及登記等。

　　既然客戶保留的成本低，另外老客戶帶來的價值也大大高於新客戶，所以公司客戶策略要從獲取客戶向保留客戶進行轉變。保留客戶的核心是加強客戶服務，提高客戶忠誠度。英國航空公司為其商務常旅俱樂部成員提供淋浴和熨燙衣物的服務，在長途飛行後有這樣的休整，這為他們第二天出席會議或公幹提供了很大便利。

　　英國航空公司的人性化服務使客戶感到溫馨和滿意，他們花

在客戶服務上的培訓也是很重要的前提。英國航空公司一般客戶關係部門的員工有 4 週的培訓計劃，另外他們在這方面的動作是很堅決的，曾不得不讓 64%的中層經理離開。

在客戶服務方面，英國航空公司多次進行旨在掌握客戶未來需求的研究，大量的客戶就 30 組關於未來他們期望的航班問題提出了他們的建議。特別是當英國航空公司決定改進他們的客戶服務部門時，發現：

- 1/3 的客戶對他們稍有不滿；
- 在不滿意的乘客中，69%的人並沒有投訴；
- 這些客戶中有 23%的人向他們的工作人員提出過投訴；
- 只有 8%的客戶以書面形式向客戶關係部門提出投訴。

此外，航空公司注意到，在沒有投訴的不滿意客戶中有一半的客戶可能流失掉，還有 13%的客戶徹底流失了。因此，英國航空公司由客戶流失量估算出收益流失的總額，然後從英國航空公司的 CRM（Customer Relationship Management）應用過程，我們不難發現企業經營要進行三個轉變：

1.看待客戶的角度要從宏觀轉向微觀

以前我們更關注的是企業的市場佔有率或者客戶數量，市場佔有率的增加幾乎無法揭示企業滿足其客戶需求的能力。它沒有表明客戶的需求是否得到了滿足，也沒有表明企業是否會獲得更多的利潤。許多企業通過大幅度的降價來增加自己的市場佔有率，這會讓企業面臨破產的風險。相反地，如果一家企業關注的不是自己的市場佔有率，而是其客戶的消費佔有率情況，則這家企業的經營狀況會好很多。

在 CRM 中，企業將其關注的焦點從寬泛的指標（如市場佔有

率）轉移到單個客戶指標，如客戶的消費佔有率（即客戶對企業產品或服務的支出佔總支出的比重）和客戶的終身價值。通過這樣一種微觀結構下的資訊跟蹤，我們可以更好地評價一種策略是否有效。例如說，如果一家企業發現自己的客戶消費佔有率有所上升，則它可以得出一個滿意的結論，即客戶確實認爲它所提供的產品或服務要比其競爭對手的好，並且這些客戶將會繼續鍾情於該企業，購買更多數量的產品或服務。

2.客戶目標的轉變

即從服務盡可能多的客戶轉變到有選擇的客戶目標，CRM 強調的是客戶選擇的重要性。它承認並非所有的客戶都具有相同的價值。80/20 法則說明了這一情況，它指出只佔全部客戶 20%的高端客戶爲企業貢獻了 80%的收入。當你看到嗜啤酒如命的人比那些不怎麼喝啤酒的人多消費了那麼多啤酒，或者當你看到那些頻繁出差的商務旅客比那些度假旅遊的旅客多坐了那麼多次飛機，你就不會對此感到奇怪了。

一家航空公司從購買全額機票的商務艙旅客那裏獲取利潤的同時，必然會損失掉一些通過向經濟艙旅客提供高額折扣所能得到的利潤。因此，航空公司可以通過「選擇旅客」的方式獲取更多的利潤。

3.要從獲取客戶到保留客戶進行轉變

保留客戶所付出的成本要大大低於爭取新客戶所付出的成本，特別是保留忠誠客戶或那些具有較高贏利價值的客戶，更是企業必須花大力氣要做的事情。這樣的客戶值得企業爲其採取一些代價較高的客戶保留措施，而那些不具有贏利價值的客戶則不值得企業保留。客戶保留策略並不是對所有客戶都適用，它只適

用於這種客戶,即那些給企業帶來的收入超過了企業爲留住其所付出的成本的客戶。

擁有忠誠客戶的另一個好處就是這些客戶可以成爲企業的宣傳管道,並且那些接受這些客戶宣傳的新客戶通常也會像做宣傳的客戶一樣建立起對企業的忠誠。因此,通過客戶宣傳獲得的新客戶往往比那些通過其他途徑吸引來的新客戶更具有價值。實際上,企業面臨的最大挑戰就是如何制定相應的策略,從而永久留住客戶,而不僅僅是在短期內留住客戶。

英國航空公司通過實施客戶關係管理以來,獲得了巨大的成功。儘管過去它被認爲效率低下和對客戶缺乏關心,但是現在它通過對客戶服務的高度關注,真正地贏得了一直引以爲榮的稱號——「全球最受歡迎的航空公司」。

三、航空公司的會員制計畫

自從 20 世紀 80 年代初美洲航空公司推出第一個大型常客獎勵計劃以來,常客計劃不僅爲航空公司廣泛採用,在信用卡、旅館、汽車出租、電話服務等行業也得到了廣泛應用,成爲一種常用的保留常客的手段。

20 世紀 80 年代,放鬆管制後的美國航空業競爭加劇,各主要航空公司都加強了行銷的研究與創新。美洲航空公司在研究航空客運市場後,將乘機旅行的旅客劃分爲兩個主要的細分市場:公務旅行者和休閒旅遊者。

該公司發現不少公務旅行者一年內多次乘機旅行,對價格敏感度較低,經常購買高檔艙位的機票,雖然這些旅客人數所佔的

比例並不高，卻是航空公司主要的收入來源。美洲航空公司敏感地意識到，公司若能採取行動，鼓勵經常乘機旅行的公務旅遊者搭乘自己公司的航班，就能有效地穩定營業收入。

1981 年 5 月，在充分準備之後，美洲航空推出了第一個大型的常客計劃——A 級利益（Aadvantage）。旅客填寫申請表入會後，就可將自己飛行的里程數累積起來，達到一定數額後換取免費升艙、免費機票等獎勵。

這就像銀行的「零存整取」服務，分散存入，到期一次提用，因此又稱「里程銀行」。美航管理人員希望，借助這項計劃為常客提供更多利益，以吸引常客重覆購買、長期購買。

計劃推出後，在市場上引起了意想不到的熱烈反應，會員的吸納進展迅速。為避免在競爭中落後，幾個月後，美航的主要競爭對手紛紛推出類似的常客計劃。

常旅客優惠計劃（常客計劃）是航空公司爭取市場佔有率、培養忠誠旅客群的有效市場策略，這已成為國際民航界的共識。但常客計劃對於航空公司的意義決不僅僅是為了給旅客一些優惠，應當從航空公司整體市場戰略的高度認識常客計劃的作用，將常客計劃的建立、完善與航空公司航線網路建設、航班計劃的制定、戰略聯盟關係的建立、收益管理的實施等結合起來，使之真正成為航空公司增加市場競爭力、提高效益的有力武器。

1. 票價分級的制定基礎

民航業經營具有固定成本高、邊際成本低的特點，如果航班上有一定數量的旅客能夠使用高票價，將航班的固定成本分攤完畢的話，其他旅客所付票價只要將他們自己帶來的較低邊際成本覆蓋，其餘都是邊際利潤。因此，只有保證在航班上有相當數量

的高票價旅客，由他們將航班的固定成本分擔完畢，航空公司才具有對其他旅客實行靈活的票價政策仍然保證航班贏利的可能性，才能招攬到更多乘客。

由於常旅客基本上都是公商務旅客（全世界都是如此），他們基本上是公費旅行，他們中的大多數屬於社會上的高收入階層，是所在單位的管理人員。這就決定了這些常旅客在出行時習慣於選擇航空運輸方式，而不太計較票價高低。有他們坐在航班上分擔固定成本，航空公司才能用低票價去吸引更多的旅客。

2.航空公司聯盟的重要因素

通過航空公司間的聯盟，建立共同的常旅客計劃，使本公司常旅客甚至在本公司無權進入的航線市場中也可以獲得免票，這對於公司常旅客的吸引力很大，也有利於公司進入新興市場。在某些情況下，常客計劃也許不僅僅是聯盟的內容，還可能成爲聯盟的目的，也就有可能成爲聯盟談判中的籌碼。

3.航空公司瞭解旅客、瞭解市場的重要管道

比較完備的常客計劃都建立了強大的常旅客資訊系統，這個系統不僅爲常旅客記錄里程，還擔負著記載、統計、分析常旅客的群體特徵、消費習慣、需求特點甚至生活偏好等任務。通過這種分析，航空公司既可以瞭解自己的常旅客，同時也瞭解了整體市場，以便投其所好，爲他們提供個性化的服務。

四、值得借鑑的會員制經驗

經過多年的改進和發展，國外航空企業的常客計劃已較爲成熟，其中不少經驗值得實行會員制行銷的企業借鑑。

1. 會員資格的控制

實施常客計劃的目的就是要識別常客，給予常客差別利益，隔離普通旅客，還可有效地降低常客計劃本身的運營費用。因此，航空企業都設法運用限制性措施在常客與一般旅客之間構築壁壘，實現常客的自我篩選。

航空公司設置的主要限制性措施包括：

(1) 入會限制

一些航空公司向申請者收取一次性入會手續費，以減少非常客的申請。例如，澳大利亞航空公司就向申請者收取入會手續費 30 澳元。

(2) 賬戶活動限制

美國三角洲航空公司等幾家公司規定，如果一名會員在三年內未在所屬航空公司及其合作夥伴那裏消費，其資格就會被取消。

(3) 里程累積時間限制

美洲航空和聯合航空都曾規定：如果一名會員在三年內，未累積起可兌換獎勵的里程數，從第四年起，會員累積起的里程數就會部份或全部失效。這項措施的目的很明顯，一般的旅客不易像常客那樣在規定的時間內累積足夠的里程數，很難得到計劃所提供的好處。

2. 會員分級管理

對航空公司而言，常旅客也並非都是同樣重要，很多航空公司的常客計劃對常客又作了進一步的區分，根據旅客在航空公司消費的多少，將他們劃分為多個等級。常見的分級有 3～4 個級別，由高到低依次為白金卡會員、金卡會員、銀卡會員和普通會員（名稱上各不相同）。等級越高，門檻也越高。

多數航空公司採用一套並行於里程積分的點數積分制來劃分級別，旅客購買機票，既獲得里程積分，也獲得點數積分（點數僅用於顧客分級，不能兌換獎勵）。一年內點數積分達到一定數額，可獲得銀卡會員資格，若能達到更高標準，則可獲得更高等級。不少航空公司還根據會員每年積分情況，對其等級進行審核。

相應地，航空公司給予高等級的旅客更多的利益：

⑴里程積分的獎勵

在很多航空公司，普通會員飛行 1 英里能得到 1 英里的里程積分，而高等級的會員則能獲得 1.25～3 英里的里程積分。

⑵附加服務

不同等級的會員能得到多少不一的免費特別服務，如櫃台快速檢票、優先接受預訂、優先安排座位、優先登機、專門的候機休息廳等，這些附加服務不僅讓這些旅客旅行更加便利和舒適，服務上的特別關照也帶給他們較多的心理滿足感。

航空公司通過顧客分級措施，就能有的放矢，根據顧客的重要程度投入相應的資源，抓住這些關鍵的旅客。

3.讓獎勵更具吸引力

獎勵是常客計劃用來穩住常客的主要手段，在美國，由於美國各大航空公司都有相似的常客計劃，對常客的爭奪十分激烈，各大航空公司無不用盡心思，增強常客計劃獎勵的吸引力。

根據美國行銷諮詢人員奧布賴恩（Iduise O'Brien）和鐘斯（Charles Jones）的研究結果，對顧客而言，獎勵的價值取決於獎勵的現金價值、獎勵是否具備顧客渴望的價值、獎勵是否容易取得、可選擇的獎品類別、領取獎勵是否方便等因素，這幾個因素在各大航空公司的常客計劃都有所體現。

　　公務旅行者用僱主的錢買票，在個人支出很少的情況下，卻能換取價值幾十美元、上百美元的免費機票，對於每年要外出旅遊的旅客而言，獎勵已很有吸引力。

　　近年來，航空公司與業內外眾多企業結成獎勵網路，旅客不僅可通過乘機旅行累積里程，住旅館、租車、打電話、使用信用卡消費等都能獲得相應的里程積分，使整個網路共用的顧客都能較容易地累積里程、獲得獎勵。

　　旅客累積起足夠的里程積分後，可擁有豐富的兌獎選擇，不僅可以用積分換取航空公司的免費機票、免費升艙等獎勵，還可兌換其合作夥伴提供的各種獎勵，如免費旅館房間、免費租車等。如果里程數略有不足，還可用現金向航空公司購買一部份里程積分，為自己或親友湊足積分來換取獎勵。

　　一些航空公司還允許旅客將自己獲得的獎勵贈與親友。旅客加入常客計劃，瞭解資訊和兌換獎勵都非常方便，航空公司會定期將會員的積分情況用電子郵件或普通郵件函告會員，會員也可登陸航空公司的網站，或撥打航空公司的免費服務電話查詢積分、兌換獎勵。有誘惑力的獎勵機制產生了明顯作用，常客計劃已成為參加計劃的常客制定購買決策時一個重要的考慮因素。

4.里程積分——新的促銷工具

　　經過多年的實踐，主要航空公司都可以老練地運用里程積分來影響常客的行為。航空公司通過增加或減少一項購買所能獲得的里程積分來影響旅客的購買選擇。

　　常見的幾種方式有：

⑴鼓勵對公司有利的購買行為。

　　付高價購買高檔客艙機票、付全價購買機票最有利於增加航

空公司的收入與利潤,很多航空公司都為購買高檔客艙機票或全價機票的會員提供額外的獎勵里程積分,鼓勵公務旅行者購買全價機票。

⑵鼓勵旅客嘗試新服務

在 Internet 迅速普及的背景下,各航空公司都加強了機票的直銷,以降低銷售費用。為培養常客形成使用網路直接訂票的習慣,各航空公司都為網路訂票提供了較多的獎勵里程積分。

⑶運用里程積分調節不同航線的供求關係

航空公司常常降低熱門航線機票所能獲得的里程積分,增加冷僻航線的里程積分。這些行為都表明,里程積分已成為航空公司一種重要的促銷工具。

5.銷售里程──新的收入來源

隨著常客計劃的發展,銷售里程積分成為各大航空公司一項重要的收入來源。大航空公司不僅與業內一些較少競爭的同行結成聯盟,還與信用卡公司、旅館、租車公司、電話公司等結成了跨行業的獎勵網路,顧客在成員企業購買其他成員企業的產品與服務,都能獲得里程積分並兌換各種獎勵,這吸引了不少消費開支多的顧客加入。誘人的顧客資源日益成為吸引其他公司的誘餌,更多的公司加入,希望能夠共用顧客資源。

隨著航空公司合作網路的不斷擴張,常客計劃如滾雪球般不斷擴大影響力,里程積分已成為通行的獎勵貨幣。商店、抵押貸款提供者、Internet接入服務商等紛紛購買航空公司的里程,促銷自己的產品與服務,信用卡公司則購買里程積分獎勵自己的常客,出售里程積分成為航空公司不可小視的大生意。

第 *9* 章

商場如何對會員進行促銷

 第一節　如何開展會員主題促銷

　　會員主題促銷就是以企業會員為銷售對象的促銷策略，這是針對百貨商場普通顧客所作的促銷活動。在開展會員主題促銷活動時，一定要保證促銷商品的質量，否則不但沒有新的潛在顧客，而且還可能會失去一些老顧客，所以在實施的過程中一定要謹慎。

一、促銷選擇對象

　　會員主題促銷的對象可以是普通會員也可以是貴賓(VIP)成員，百貨商場通常要按照自己的定位來開展不同層次的促銷。定位高端市場的百貨商場可以開闢貴賓專場，這種促銷方式很有新意，也顯示了商場對貴賓的重視。對於那些高檔商場來說，維持

好貴賓顧客的確非常重要，但開闢貴賓專場促銷，似乎意味著商場對其他來商場購物的顧客的排斥，因而很容易遭到他們的反感。對普通的會員促銷應用得則比較普遍。

二、活動形式選擇

對普通會員來說可以專門面對會員的商品展銷會，而對貴賓則不僅要開展起專門的商品展會，還有貴賓卡特別答謝購物專場，規模盛大、史無前例。例如，某百貨商場在一次針對貴賓會員的促銷活動中做了如下說明：

僅限貴賓卡客人參加，當日憑貴賓卡可同攜一位來賓進場。其他客人營業接待時間為 9：00～13：00。

全場商品特別酬賓！（包括家電）

三、促銷方法運用

1. 搖獎。

搖獎的原理類似於抽獎，即通過隨機的方式確定中獎人員，然後按照既定的方案給予獎勵。某商場在一次會員主題促銷活動中就運用了這種手段。其「幸運大搖獎，大獎送不停，111 個大獎送給你」活動規定，會員獨享會員價，8 月 9 日 17：00 後至 9 月 9 日 17：00 前，在該百貨商場有消費積分的會員，均可參加 9 月 9 日 18：00 在商場大樓外舉辦的搖獎活動。

獎項設置為：一等獎 1 名，獎價值 10000 元的 LG 多功能洗衣機；二等獎 10 名，獎價值 1000 元的諾基亞手機；三等獎 100

名，獎價值 300 元的美的電鍋。

2.集點。

會員卡集點的促銷方法是會員促銷最常用的辦法，每次購物之後刷卡電腦會紀錄會員的購物集點，到一定額度就會有獎品。

某商場的「會員卡友活動——會員卡集點樂透送」的會員主題促銷活動規定，在促銷期間，購物單筆滿 100 元即可獲贈 1 點，累積滿 300 點即可兌換超值贈品。不同的點數可以兌換不同的贈品。具體方案是：

300 點	POLO 冷氣毯；
500 點	體重計；
800 點	二合一果汁研磨機；
1000 點	萬用櫥；
1500 點	巴比 Q 烤箱；
2000 點	熱水瓶 PARIS 床包組；
3000 點	大同除濕機。

3.打折。

打折在百貨商場的會員主題促銷活動中也非常常用。香港某商場每半年有一次會員特別購物日活動，會員特別購物日一連 3 天，在各分店同時舉行。會員憑規定形式的會員卡購物，即可獨享瘋狂折扣優惠，以超值價選購心愛商品。在一次冬季的會員特別購物日活動（11 月 30 日至 12 月 2 日）中，其折扣內容包括：

服裝部：所有商品（包括特價商品）一律照價再 7 折發售；

家品部：所有商品（包括特價商品）一律照價再 9 折發售；

超級市場：所有商品（包括特價商品）一律照價再 9 折發售；

電器部：所有商品（包括特價商品）一律照價再 9.5 折發售。

第二節　商場會員週年促銷方案

一、活動目的

提升銷售額，提高會員對商場的忠誠度。

二、活動時間

12 月 15 日～12 月 23 日

三、活動主題

每天愛你多一點──××貴賓週(會員週)

四、活動地點

××商場

五、活動準備工作

1. 現場 POP 海報，表明活動主題，烘托現場氣氛。

2. 入口處的大型看板：將主要活動陳列；

3. 信函廣告：根據申請會員時的位址，通過郵寄的方式將活動內容告訴會員，並通知及時換卡。

4. 報紙廣告：根據實際情況而定。

六、活動內容

1. 會員禮遇

活動內容：在活動期間，憑會員卡換新卡者可以領取禮品一份，也可以是禮包一個。

禮品選擇：一是高毛利商品，二是直接向廠商定制禮品(如化妝品、馬克杯)。

禮品價值：實際按照會員數量和成本預算綜合而定。

禮品內容：包括化妝品、藝術品等高毛利商品、廠商的試用品等。

2. 送你多一點

在促銷活動設計時，對會員卡用戶實行特別的優惠，包括以下情況：

對一般的顧客實行滿 3000 元送 80 元，對會員卡用戶實行滿 3000 元送 900 元。

使用會員卡可以折上再折，如 8 折以上商品再進行 95 折，8 折以下商品 98 折；使用會員卡消費滿××元，另外贈送禮品或禮券。

優惠幅度：控制在銷售額度的 2%～3%左右。

3. 會員週抽獎

活動期間，憑會員卡消費每滿 200 元就可以領取抽獎券一張，單張票據限送 5 張。

抽獎時間：12 月 24 日

一等獎：數碼相機 1 名

二等獎：DVD 機 2 名

三等獎：內衣一套 10 名

參與獎：馬克杯一個 50 名

獎品還可以為 KFC 餐券、咖啡酒吧消費券、人像攝影券等，應該利用大眾消費場所的優勢，低成本獲得獎品。

4. 會員特賣會

在商場醒目位置圍出場地 20 平方米，舉辦會員特賣會。

特賣商品：選擇特賣效果明顯的商品，如服裝、皮鞋等。

操作：只能憑會員卡進入特賣現場，現場設置收款台，付款必須出示會員卡。主要是突出會員卡的特別價值。

5.傾聽會員之聲

活動期間推出「傾聽會員之聲」活動：主要是向會員徵集對商店的意見和建議，以便提升服務質量。

操作：在入口處，設置大型看板，明示活動內容：

尊敬的會員：您好！我們的成長時刻都有您的支持和愛護，值此會員週之際，我們誠摯地向您徵集寶貴的意見和建議。您的指點就是今後我們工作的中心和方向。您可以將您的想法投入箱內。我們將贈送禮品一份，還將從中評選出 5 位最佳諮詢獎，贈送獎品一份。

獎品：禮品價值 5 元左右，5 份獎品價值 100 元/份。

七、費用預算

1.會員禮遇：控制在 1 萬元，根據會員數量具體計算。

2.送你多一點：銷售額的 2%～3%

3.會員週抽獎：5000 元

4.會員特賣會：廠家承擔

5.傾聽會員之聲：1000 元

6.看板製作：500 元

7.現場 POP：1000 元

8.信函廣告：信封、內文、郵寄費用等 2 元/位

八、活動注意事項及要求。(略)

第三節　新店開業促銷常用手段

一、會員制促銷

會員制這種促銷手段在開業促銷活動中越來越多地出現。在開業之際到超市購物可以得到會員卡，以後的購物過程就可以憑會員卡得到一定的優惠條件，這種促銷形式容易吸引長期購買，對穩固客戶群相當重要。

會員制的主要目的是保住老顧客。國外的倉儲商店及較大型的超市等，往往採用會員制促銷辦法。當消費者向商店繳納一定數額的會費或年費後，便成為該店的會員，在購買商品時能夠享受一定的價格優惠或折扣。

會員制促銷的具體形式包括：

1.**公司會員制。**

消費者不以個人名義而以公司名義入會，商店收取一定數額的年費。這種會員卡適宜於入會公司內部僱員使用。

2.**終身會員制。**

消費者一次性向超市繳納一定數額的會費，成為該店的終身會員，可長期享受一定的購物優惠，並可以長年得到店方提供的精美商品廣告，還可以享受一些免費服務，如電話訂貨和免費送貨等。

3.普通會員制。

消費者無須向超市繳納會費或年費，只需在商店一次性購買足額商品便可申請到會員卡，此後便享受 5%～10%的購物價格優惠和一些免費服務項目。

4.內部信用卡會員制。

適用於大型高檔商店。消費者申請某店信用卡後，購物時只需出示信用卡，便可享受分期支付貸款或購物後 15～30 天內現金免息付款的優惠，有的還可以進一步享受一定的價款折扣。

通常用的會員制促銷屬於普通會員制。一般在新店開業、慶典活動或者購買足額商品就可以申請到會員卡。購物結束收款台會要求出示會員卡，一方面可以累計積分，另一方面可以以會員價享受優惠。這是現在大多數超市慣用的會員制促銷。

某商店推出的會員制促銷活動。其活動內容為「在活動期間，凡到本超市的顧客，憑身份證便可免費辦理會員卡。每人限辦一張。」在開業前二天，門店安排人員到規劃好的活動區發放，後幾天安排服務台發放。

開業當日來購物均可以獲贈會員卡，同時保存此卡，會有驚喜到來。如某超市的優惠內容包括：「××超市回報最忠實的客戶，有超市會員卡的顧客，在××年×月×日凡是購物滿 100 元的顧客可以獲得雞蛋一個，多賣多送──只對持會員卡的顧客」。

一般來說，超市的會員制入會門檻很低，給顧客的印象是一勞永逸，在初始購物就可以得到長期的優惠保障；並且當自己的積分或者是購物金額累計到達一定額度，可以憑此獲得禮品或者現金返還。

二、贈品促銷

贈品促銷也是超市開業促銷中慣常使用的手段，有的是送禮品，有的是送禮券。

有時超市安排固定的禮品，來者有份，只要在促銷期間購物就可以憑收款票據到活動區領取禮品一份。有時會準備一定的禮品，但數量並不固定。如某超市曾在開業促銷時舉行了一項「買就送──果凍任你抓」的活動：

在開業前一天，商店將果凍運達門店，由門店店長驗收，放兩桶果凍和瓜子立在展示板上，放在規劃好的場外活動街道上。開業提前一個小時，一名員工、一張桌子、兩塊展示板全部到位，為活動做好準備。

開業之後，只要在開業期間購物滿 38 元的顧客即可憑當日單張收款票據到活動區參加糖果抓一把活動。購物滿 68 元者兩手各抓一把，每張票據最多限抓兩次。抓到多少算多少，歸顧客所有。

「買就送」給人第一印象就是促銷力度大，只要買就可以得到贈品，這種促銷方式比較能吸引消費者眼球。

在實際操作中，贈品促銷還有一種形式，使「滿即送」。下面是一個「衝刺百元拿獎大行動」的贈品促銷活動。

在該次促銷活動中，超市規定，在活動期間，凡是在超市購物達 100 元以上者，均可獲得贈品：

(1)一次性購滿 100 元者，憑單張電腦票據可得自製小菜一份，2 週內領取有效（不累計）。

(2)一次性購物滿 200 元者，憑單張電腦票據可得高級雨傘一

把（不累計）。

(3)一次性購物滿 300 元者，憑單張電腦票據可得摩托車雨衣一件，當日領取（不累計）。

(4)一次性購物滿 500 元者，憑單張電腦票據可得摩托車雨衣一件。

(5)一次性購物滿 800 元者，憑單張電腦票據可得真皮錢夾一個，當日領取（不累計）。

(6)一次性購物滿 2000 元者，憑單張電腦票據可得真皮禮盒 1套，當日領取（不累計）。

(7)一次性購物滿 4000 元者，憑單張電腦票據可得超值禮品包，當日領取（不累計）。

三、有獎促銷

關鍵是如何使消費者獲得獎項，吸引消費者再次光臨。通常來講，主要是進行獎項設置和抽獎方式的設計，盡可能營造一種熱烈的購物氣氛是該促銷手段的關鍵。

具體而言，有獎促銷主要有滿額抽和比賽兩種形式。

1.滿額抽。

滿額抽即規定凡購物滿一定金額即可參加抽獎，抽到什麼是什麼。某商場在開業起 3 天內規定，凡購物滿 200 元者，均可參加獎活動，每天 3 組，每組送價值 150 元套票 3 張。購物者憑購物票據到服務中心抽獎，副券投至抽獎箱內；商場於兩日後公佈中獎者名單，中獎者憑個人身份證和中獎獎券至服務中心領取旅遊套票，中獎者在統一時間去遊玩。

2.比賽。

比賽利用活動和獎項結合，更能激發現場氣氛。某商場在開業期間曾舉辦過「幸運力士比拼擂台賽」活動，由於獎項持續時間長(半年)，因而能給消費者留下深刻印象，取得了不錯的效果。

活動內容是：在超市開業起的三天內，凡購物滿 100 元者，均可參加「大力士」比拼擂台賽，每人擊拳 3 次，按照每人得的分數評獎。具體名額如下：

一等獎：每天 2 名

二等獎：每天 3 名

三等獎：每天 4 名

優秀獎：每天 5 名

中獎名單當場公佈，中獎者憑各人身份證及電腦票據至服務中心領獎，獎品設置如下：

一等獎：每月享受 100 元免費購物（送半年）

二等獎：每月享受 50 元免費購物（送半年）

三等獎：每月享受 30 元免費購物（送半年）

優秀獎：每月 2 包卷紙（送半年）

四、娛樂促銷

娛樂活動與現場觀眾互動表演，可以從各方面薰陶消費者，這也是超市從長遠的形象樹立方面來開展的促銷活動。

某超市開業第一、二、三天每晚 7:30～8:30 舉辦「音樂之聲」系列音樂會：

11 月 8 日——「狂歡之夜」音樂會

11 月 9 日——「隨心所欲」現場顧客點播演奏會

11 月 10 日——「難忘歲月」民樂演奏

五、文化娛樂活動

文化娛樂活動也是商場開業常有的節目。由於文化娛樂活動具有喜慶氣氛，並且很容易渲染促銷氣氛，激發顧客的購物情趣，因而被很多百貨商場作爲開業促銷的手段之一。

某商場在開業時舉辦了「心心相印」娛樂活動。活動辦法是：由兩人組成一組；各站一邊，被矇上眼睛（或戴上頭罩），先由主持者打亂他們的次序；然後，開始尋找，在限定時間內（5 分鐘）正確找到的組可獲獎勵；所有參與顧客均可獲顯明標示企業 LOGO的紀念品。

六、折扣優惠

折扣優惠自不必說，每一次促銷活動都少不了它，開業促銷更是如此。在激烈的百貨業競爭中，要使折扣優惠這一傳統促銷手段發揮威力，就要運用創新思維，在充分瞭解自己的目標消費者需求的基礎上有新的創意。

某百貨商場在開業促銷時，爲了把嶄新、活力的一面展示給廣大的消費者認知，感受和體驗自己的精彩魅力，於 7 層名牌折扣店擴場開業期間舉行了「折扣一再擴大，驚喜無限延伸」主題促銷活動。具體內容爲：

在 2010 年 4 月 10 日～4 月 17 日活動期間，顧客凡在該商場 7 層名牌折扣店同一品牌購物累計滿 2000 元以上，可即時參加「折扣一再擴大，驚喜無限延伸」的促銷活動。活動主要分為如下三個檔次：

顧客在同一品牌累計購買商品滿 2000 元，只需加 50 元，可獲得價值 80 元貨品。

顧客在同一品牌累計購買商品滿 3000 元，只需加 80 元，可獲得價值 180 元貨品。

顧客在同一品牌累計購買商品滿 5000 元，只需加 100 元，可獲得價值 350 元貨品。

七、文化活動

文化活動出現在百貨商場的開業促銷活動中，主要目的是為企業樹立一個好的市場形象，提高企業的知名度，加強企業文化的宣傳。高雅的文化活動則會吸引高端顧客，並有助於形成消費者忠誠。

某商場在開業當日晚 6:00～8:00 在廣場舉辦了大型「廣場納涼流行音樂會」。這些文化活動陶冶了顧客情操，在給顧客帶去滿足的同時，也傳達商場的商品促銷資訊，更容易贏得顧客的信賴，為培養起忠誠顧客做了很好的鋪墊。

八、路演

路演是英文單詞 Roadshow 的意譯，即商場在賣場門外搭建

舞台,通過舉辦宣傳展示活動和演出,向顧客全面展示企業形象、宣傳有關企業文化和理念,以及有關的促銷資訊,達到向受眾進行資訊傳播和引起互動的效果。

　　某商場在開業當日下午 14:00～15:00 組織了一場「品牌服飾、人體彩繪激情秀」。具體包括三項內容:

　　(1)模特現場秀

　　由畫師現場為模特進行人體彩繪表演,模特穿著品牌服飾進行表演秀,主持人現場介紹品牌特質,模特現場演繹。表演結束後,主持人提問,參與觀眾均贈禮品。

　　(2)眼力大比拼

　　活動開始時,參加模特秀的品牌各選一款服飾,由主持人介紹後。每次選出 5 名觀眾對服飾進行估價(限女性),估價最接近售價的除獲贈禮品以外,另得該品牌 5 折折扣券一張。

　　(3)挑戰你的 IQ

　　活動開始時,由主持人選出 8 款服飾,請觀眾參與說出各款服飾的品牌名稱,參與並回答正確的獲贈禮品。

九、抽獎

　　抽獎也是百貨商場開業常用的促銷手段。某商場在開業 2 日內,不論購物金額多少,均可到總台領取抽獎券,參與整點抽彩電活動。從早上 10:00 開始,逢整點將現場抽獎,抽出的幸運顧客將獲得由商場提供的價值 1000 元的 21 英寸超平彩電一台。為加大顧客的中獎機率,凡是當次未被抽中的顧客獎券,還可滾入下一次抽獎箱內繼續參與抽獎。巨大的中獎幾率吸引了大量客流。

十、促銷手段的聯動

　　各種各樣的促銷接連不斷，一種促銷手段一經出現馬上就變得「陳舊」，因而不同促銷手段的結合運用，或者在企業內不同業態間的促銷聯動，通常能起到更好的效果。

　　某商場將抽獎和特價結合起來，開業活動兩天，不同的特價商品分不同的時段實行限量特賣。顧客將填好的特價風暴 DM 單投入 1 樓活動區的抽獎箱內，工作人員每到整點封存一次抽獎箱並抽獎。主持人抽獎後當場宣佈中獎者名單，中獎者將獲得當前時段的商品特價券 1 張，憑券即可到 4 層兌獎處購得超低特價商品。每整點限量抽出兩種特價商品。

　　百貨在開業促銷時，則使用了百貨、電器聯動的招數。開業期間當日累計消費滿 4000 元，即可獲贈 2000 元購物券，VIP 用戶能享受折上折，所贈禮券還可在百貨、電器通用。

🔊 第四節　店週年慶促銷

　　新店開業要慶祝，之後，每年的「〇〇週年慶」也要加以促銷慶祝。店慶日是一個非常重要的日子，以「店慶」為主題進行促銷，現在已成為各大超市擴大市場佔有率的一個重要營銷手段。

　　超市已經越來越看中店慶活動帶來的效益。事實上，即使在淡季，各超市也能憑藉各自的店慶活動取得良好的經營效果，部

分門店的營業額甚至超過國慶假所帶來的銷售旺勢。據不完全統計，在店慶促銷期間，超市客流量普遍比平時增加 1/3 左右，營業額上升 20%～30%，部分超市店慶期間的總銷售額佔到全年銷售額的比例甚至能達到 15%左右。

店慶的名目繁多不是一年只有一個，除了門店慶，諸如週年慶、全國週年慶、全球週年慶，讓同一個超市一年要過好幾個生日。而且，各大超市的店慶戰線也越來越長，從原來的三五天、一週延長到 20 天、一個月，有的甚至長達 40 多天。

一、店慶促銷如何進行

(一)明確活動目的

與其他促銷一樣，店慶促銷首先要明確促銷活動的目的。促銷的目的主要有以下幾種：

- 在一定的時期內，擴大營業額，並提升毛利額。
- 穩定既有顧客，並吸引新顧客，以提高來客數。
- 及時清理店內滯銷存貨，加速資金週轉。
- 提升企業形象，提高商場的知名度。
- 與競爭對手抗衡，以降低競爭對手各項促銷活動對本店的影響。

具體到不同的超市、不同的門店，在不同的年份，店慶促銷的目的會有所側重，而並不完全相同。以下是通常情況下店慶促銷需要達成的目的：

通過系列活動，向顧客傳遞超市店慶的喜訊，吸引公眾的注意力，進一步提升企業知名度和社會影響力。傳播本超市規模大、

品種全、質量好、價格低、服務優的良好形象和企業文化。同時，通過各種互動活動，進一步深化企業與消費者之間的情感交流，爲今後的發展奠定良好的基礎。開展系列活動，最大限度挖掘消費潛力，擴大銷售額。

(二)主題陳列

在店慶促銷期間，通常會針對活動，設專門的促銷區域，對促銷品類進行相對集中陳列，設計特色裝飾，突出賣點，以特價、贈品、服務、視覺來拉動消費。

另外，大量的店內商品堆頭陳列，是慶祝店慶的最好的商品，突出店慶目的喜慶氣氛。

(三)媒體宣傳

媒體宣傳是消費者瞭解促銷活動的直接媒介。通常主要使用的道具有平面媒體、戶外媒體、大眾媒體、廣播、電視等，宣傳內容主要是門店促銷活動及慶店慶所推出的深度特價商品。手招內容包含媒體宣傳內容，並將其他商品逐一推介。另外，還有店慶吊旗製作、橫幅懸掛，橫幅以店慶內容爲主，可附加促銷活動主題。而壁報可做超市本身的簡介、促銷內容。海報廣播做商品推介、活動介紹等。

比較有效並且傳播範圍比較廣的一種宣傳方式爲 DM 促銷，這是一種信息量比較全、成本比較低的宣傳方式。某超市店慶主題促銷的 DM 主要內容爲：「推出 A 類商品 20 種左右，加大促銷力度，震撼出擊，感恩回報」。此外還包括店面門頭設計製作，比如：「歡慶×週年，感恩大奉送」。還附加一些引人入勝的活動內容，比如：設計製作「感恩榜」、電視台文字廣告、宣傳車設計製作等。

(四)活動佈置

這是活動準備重要方面之一，對促銷活動氣氛的影響有很大作用，也爲消費者展示活動內容。活動佈置主要按照其活動內容劃分區域後進行分區佈置。

比如：某超市的店慶活動佈置如下：

主席台：

以禮花背景，字幕「熱烈慶賀××超市開業×週年」，隨後播放「月圓人團圓××賀週年」促銷資訊。

外佈置：

⑴前廣場懸掛「六週年店慶」彩旗，尺寸 50 釐米×70 釐米，顏色以紅、黃兩色爲主(總店 900 面、YY 分店 300 面)，更換總店國旗、店旗。

⑵門前懸掛橫幅，總店、YY 分店各一條。

內容：熱烈慶賀××超市開業六週年。

⑶建主席台 6 米×9 米及慶典儀式後幕 4.5 米×9 米，豎弓形門一個。

場內佈置：

⑴南北收款區上方用 KT 板製作中秋宣傳吊牌。

⑵入口處製作氣球門 2 個，YY 分店 2 個。

⑶在主通道懸掛「月圓人團圓××賀週年」室內吊旗，總店 30 面、YY 分店 20 面。

⑷糖果區上方懸掛氣球 900 個。

⑸設立月餅促銷區並和酒水區上方分別懸掛「月圓人團圓新星賀週年主題促銷區」吊牌。

⑹南北貨及月餅均以大堆頭陳列方式擺放。

(7)超市西區兩柱子間製作六週年店慶宣傳牌或聯繫廠商製作廣告牌。

有了恰當的氣氛佈置可以吸引更多的消費者前來購物，容易引起衝動購物。

（五）促銷主題

促銷主題是促銷活動的關鍵，有了明確的主題，才能讓消費者更加信服，這是主題促銷之關鍵主題。

通常要從消費者關注的內容來選擇其易於接受的主題內容，並且要詳盡地分析消費者綜合素質，分別建立「雅」或者「俗」的主題內容。

比如某商場慶祝七週年店慶，其促銷主題如下：

- ×××七歲了！！
- ×××與您「7」頭並進！
- 「7」樂融融，激情×××！
- 「7」開得盛事，鞠躬留佳名！
- 滴水之恩，湧泉相報。
- 我們始終以最好的商品、最低的價格、最佳的服務奉獻給您！
- 真誠永遠服務無限。
- 服務社區回報顧客。

這些主題各有優缺點，最主要是選擇合適自己超市用的主題內容。

（六）主題促銷活動注意要點

活動前期安排要合理，具體接待人員要安排妥當，比如某超市店慶期間通過在商廈一層共用大廳內設置 6 個顧客接待處，每

個接待處分別根據自己的工作職責，接待顧客來訪及回答顧客提出的疑問。

6 個接待處分別是：總經理辦公室、招商處、招聘處、促銷活動諮詢處、溫馨卡發放處、顧客意見接待處。每個接待處各有商廈職能部門的領導負責接待。同時還制定專門的招待時間。

一般來說，主題促銷活動要求各接待處不允許出現空位的現象。如遇特殊情況，需自行安排人員替代；同時各接待處準備好相關的資料，如招商手冊、人事報名登記表等；接待中要認真做好登記；接待人員要求統一著裝；行政部負責對各種資料的印製和桌椅的準備。

這些都要事先確定人選，人員已經確定要按照倒計時各司其職。

二、店慶促銷常用手段

店慶活動現在被越來越多作為超市重要的促銷節日。常用的促銷手段有：

（一）贈送禮品

贈送一定的禮品也是超市常用的店慶促銷手段。一般形式是按照一定條件選擇顧客，贈送其相應禮品。

例如，某超市在店慶促銷期間，開展了「感恩榜，××情」的活動，在店慶日時，即在 6 月×日，在××店門口設計製作「感恩榜」，公佈 800 名忠實顧客名單。「感恩榜」上有名的顧客於 6 月 29 日可領取禮品一份。

在超市店慶促銷期間，贈送禮品的最常用方式是「生日送」

和「滿額送」。

⑴**生日送。**

對在店慶當天生日的顧客，憑身份證贈送一定的禮品。有一超市曾在店慶日舉辦「同喜同賀」活動，規定凡是店慶日生日的顧客，憑身份證可到該超市總服務台「領取價值 50 元的禮品一份，同喜同賀，幸福共用」。

⑵**滿就送。**

即在活動期間，在超市購買達到一定金額，即贈送一定禮品。

2001 年，某商場舉辦兩週年店慶酬賓活動。從 9 月 21 日起至 10 月 14 日，凡在活動期間一次性購非特價商品 10000 元者，可獲贈微波爐一台；一次購物 2000 元者，可獲多用蒸鍋一個；一次購物 1000 元以上，可獲禮品一份。

某超市的分店在 2003 年店慶時舉辦的「感恩歡樂送」也屬於這種促銷手法。2003 年 6 月 26 日至 6 月 29 日，凡在該店憑單購物滿××元的電腦票據，即可領取價值 3 元的禮品一份，滿××元即可領取兩份，領取禮品最多不超過三份。同時，在服務台進行登記，加入感恩榜，共用店慶倖福時光。這種促銷方式有一定限度，操作比較靈活，爲很多超市喜歡。

贈送禮品的條件可以靈活設置，不一定非要消費一定金額，這當然跟促銷目的緊密相關。滿額送可以有效增加超市的營業額。

（二）抽獎

抽獎是超市店慶促銷的常用手法。或者是按照收銀號碼抽取幸運獎，或者是規定購物滿一定金額進行抽獎，形式不一。

⑴**幸運獎。**

從忠實顧客感恩榜中公開抽取幸運獎 8 名，各獎價值 50 元

禮品一份。

⑵滿額抽。

滿額抽可以很靈活地控制促銷力度的大小，只需要調節贈送的額度即可，這種方法簡便可行。

某超市曾經在店慶促銷期間規定，凡當日單張購物票據滿 50 元者，均可參加抽獎，有機會贏得價值 500 元的獎品。多買多抽。票據不累計，抽完為止。

另一家超市在店慶促銷期間，規定憑歐尙單張收款單滿 80 元即可參加刮刮卡活動，一等獎為電動車一輛。

(三)比賽

比賽促銷手段應用的關鍵是比賽項目設置。店慶促銷的比賽手段選擇主要應該突出店慶，或者比賽活動應和本店鋪密切相關。比如某超市在店慶開展「××超市快訊徽標有獎大徵集」，凡於店慶當天收集本公司 DM 快訊 10 期以上者均可獲得一份精緻禮品，集齊開業至本期者可獲得本公司價值 500 元獎品。本公司員工不得參與此活動。

另一個超市則舉行「尋找『有緣人』」的店慶比賽促銷活動，效果非常好。具體的活動規則如下：6 月 28 日期間，凡電腦票據流水號尾數為 68 者，均可獲得價值 100 元的禮品一份；凡於×× 店開業的 2001 年 6 月 28 日出生的兒童，店慶日憑出生證，均可獲得精緻禮品一份(送完為止)；凡於 6 月 28 日出生的所有顧客於店慶當天持本人身份證和當日購物票據均可獲得禮品一份(送完為止)。

除此之外，還可以通過公益活動比賽來提升自己的形象，這種活動安排在店慶舉行別有一番風味，某超市店慶促銷舉行「消

防常識有獎競猜」，主要是爲提高消費者消防安全意識。消費者憑當日購物票據即可參與答題，答對後即可獲得一份獎品。

具體的比賽方式要根據門店不同分別確定。

(四)特價銷售

這是促銷活動最常用也是使用時間最長的促銷方式。由於這種促銷方式直接有效，一直以來都爲大多數消費者青睞。特價促銷可以說是對消費者衝擊最大、最原始、也最有效的促銷武器，因爲消費者都希望以盡可能低的價格買到盡可能好的商品。

特價促銷畢竟是市場競爭中最簡單、最有效的競爭手段，爲了抵制競爭者即將入市的新產品，及時用特價吸引消費者的興趣，使他們陡增購買量，自然對競爭者產品興趣銳減。特價促銷能夠吸引已試過的消費者再次購買，以培養和留住既有的消費群。

假如消費者已借由樣品贈送、優惠券等形式試用或接受了本產品，或原本就是老顧客，此時，產品的特價就像特別向他們饋贈的一樣，比較能引起市場效應。特別是直接特價，最易引起消費者的注意，能有效促使消費者購買。特別是對於日用消費品來說，價格更是消費者較爲敏感的購買因素。

通過直接的商品特價還能塑造消費者可以最低的花費就買到較大、較高價值產品的印象，能夠淡化競爭者的廣告及促銷力度。大多數特價促銷在銷售點上都能強烈地吸引消費者注意，並能促進其購買的慾望。而且特價往往使消費者增加購買量，或使本不打算購買的消費者趁打折之際購買產品。

特價的促銷效果也是比較明顯的，因此常作爲企業應對市場突發狀況，或是應急解救企業營銷困境的手段，如處理到期的產品，或爲了減少庫存、加速資金回籠等。爲了能完成營銷目的，

營銷經理也常會借助於特價做最後的衝刺。不過,這樣做只能在短期內增減產品銷量,提高市場佔有率。

　　某超市在店慶進行「部分家電逐日降價大酬賓」的促銷活動。主要內容如下:

　　為慶祝××店開業一週年,特舉行家電特價酬賓活動,1000件家電以五折起酬賓,且逐日降價,最高降價 100 元/件・天。最低降價 10 元/件・天。其中 LG 牌彩電起步價僅售 7900 元,且每日再降 100 元,售完為止。

　　驚價商品、食品每人每單限購 10 份:

・雨潤雞肉腸 33 元/袋;

・潘婷絲質順滑潤髮精華素 200ml/瓶(限量 120 瓶);

・樂酸乳(多味)220ml/瓶,8 元/瓶,限量 7200 瓶;

・90 克佳潔士含氟牙膏/支,26 元/支,限量 1350 支;

・露露紙包 250ml/盒,1 元/盒,限量 1200 盒;

・高露潔草本牙膏 105 克/支,28 元/支;

・高露潔超強牙膏 105 克/支,27 元/支。

(五)文化促銷

　　舉辦文化活動可以有效地擴大超市的影響。例如,某超市曾經在店慶時推出了「精彩共用」文化活動,在店慶促銷期間(一週),每天晚上 7:30,××超市放映經典影片,精彩共用。

　　另外,××超市也曾在 2009 年兩週年店慶時開展文化酬賓活動,夜晚在超市廣場放映露天電影,並舉行大型文藝演出。

(六)其他促銷

　　促銷的手法多種多樣,除了上述幾種外,策劃人員可以充分發揮創造力,設計有吸引力的促銷手段。某超市在促銷期間曾舉

辦免費參觀廠家生產基地的活動。購物即可領取小湯山蔬菜生產基地參觀券、錦繡大地參觀券、牛奶生產廠參觀券等。

三、店慶的有獎促銷策略

有獎促銷是超市根據自身的銷售現狀、商品性能、消費者情況，通過給予獎勵的刺激來引起消費者的消費慾望，促進其購買商品，達到擴大銷售增加效益的目的。

(一)有獎促銷優點

⑴便於控制促銷費用。

在所有的促銷工具中，能夠事先確定全部活動經費的很少，但是競賽抽獎活動卻可以通過事先的經費預算，對所需的全部費用做到心中有數。與其他一些促銷工具不同，競賽抽獎的費用一旦確定之後就大體固定，不會變動。顯然，這對統籌超市全部的促銷費用、保證促銷的順利進行是很有利的。

⑵有效促進超市的銷售量。

競賽抽獎能夠推動銷售量的迅速上升，尤其是對某些滯銷的老商品來說，在刺激其銷售量增長方面表現頗佳。有獎促銷有助於提高超市的知名度。在有獎促銷期間，凡是有關者都會關心誰得獎、得什麼獎，這樣超市從開始到結束不僅可以得到廣泛的免費廣告，而且可形成口碑，通過非正式管道迅速傳播，以提升知名度。

有獎促銷有利於配合超市其他促銷活動的開展。消費者通常對於超市有獎促銷會給予極大的關注，從而被吸引到超市中來。這時，目標顧客就會發現超市進行的其他一些促銷活動，很可能

也會參加。這樣,有獎促銷就可以作爲一種增加客流的工具輔助其他促銷形式取得成功。

(二)獎勵的形式

在促銷的各種工具中,競賽與抽獎的方式最爲繁多。它可以使經營者的創造性得到充分的發揮,使促銷活動進行得多姿多彩。

由於獎勵的形式可以多種多樣,獎勵的獎品豐富多彩,獎勵的幅度有大有小,所以有獎促銷又是一種較爲靈活的促銷方式。它一般分爲競賽獎勵和購買獎勵兩種。

⑴競賽獎勵。

比賽獎勵是通過讓消費者參與有趣的競賽,根據競賽的結果頒發獎金或獎品。這種活動雖然有時與超市的商品銷售不直接掛鈎,但活動的影響力是相當大的。當然,很多時候競賽會與消費聯繫在一起,比如購物滿多少元可以報名參加比賽。這樣,超市通過組織各種特定的比賽、提供獎品,達到吸引人潮,從而帶動超市銷售量的目的。

在設計競賽形式時,一定要注意活動的趣味性和比賽難度的適宜性,同時,還要注意競賽規則的可行性和安全性。所以,它的設計工作較爲複雜,管理工作也比較困難,加上參與者、獲獎者與購買超市商品沒有直接關係導致目標顧客的針對性不強,這就要求必須精心策劃,週密準備,方能取得最佳的效果。

人性化營銷在市場營銷理念中佔有重要地位,競賽促銷更能吸引消費者,爲消費者傳播一種娛樂購物的理念。以獎金形式刺激消費者,會使消費者在購買商品的同時得到一種意外收穫;以獎品的形式刺激消費者,會使消費者有具體的感受;以抽獎、競賽等形式獎給消費者,會使消費者有更強的依賴性。

⑵**抽獎。**

每個節日促銷手段都大同小異,最重要的是要突出這個節日的氣氛,這就必須從獎項設置、媒體宣傳、廣告引導來完成,其中獎品設置則應突出節日氣氛。抽獎促銷通常是消費者從報紙、雜誌或直接從超市店鋪裏得到抽獎活動的參加表,根據其要求將姓名、位址等內容填好後寄往指定的地點,然後在預定的時間和地點通過隨機抽取的方式,從全部參加者中決定獲獎者。這種方式是抽獎中最普通的一種方式。又如購買抽獎,消費者凡是購買商品或購買商品達一定額度均有獲獎的機會。

某商場的抽獎促銷活動如下:

顧客在活動期間一次性購買活動商品滿 300 元, 可憑單張收款條摸獎一次:

摸得黃球, 可獲得價值 25 元的指定禮品一份;

摸得綠球, 可獲得價值 40 元的指定禮品一份;

摸得藍球, 可獲得價值 60 元的指定禮品一份。

一次性購買活動商品滿 600 元, 可憑單張收款條摸獎兩次, 多買多摸, 以此類推。

抽獎有時可以將中獎率設定為 100%,即各級獎勵不等,但張張券均有獎,這在一定程度上相當於禮品贈送。當然,如果獎項較大,應該設定允許抽獎或摸獎的條件,如購物滿多少元。

例如,某商場在一次店慶促銷期間(3 天)規定,凡在店慶 3 日累計購物滿 100 元,購大家電、黃白金累計滿 500 元,即可憑購物票據到總服務台參加摸球活動,中獎率 100%。

具體方法是:

顧客憑購物票據到摸獎處摸獎, 每 100 元為一次; 大家電、

黃白金累計購物滿 500 元摸一次，每票最多摸 10 次。獎金以顧客抓出玻璃球的數量確定，每個球 1 元，抓多少，送多少。超市現場製作獎券，經財務登記、蓋章後，發給顧客。此獎券可在全超市通用。

(三)獎品選擇

競賽與抽獎活動的吸引力主要是獎金或獎品。獎品組合採用金字塔形，即設定一個高價值的大獎，接著是中價位的獎品，最後是數量龐大的低單價的小的獎品及紀念品。

好的獎品選擇，必須考慮兩個方面的因素：

⑴**獎品的價值。**

在設計獎品價值時，應以小額度、大刺激爲原則，對抽獎促銷的最高資金不能超過政府規定，所以獎品不能靠高額度的大獎取勝，而應靠獎品的新奇和獨特性取勝。

⑵**獎品的形式。**

獎品組合中一定要有一兩個誘惑力很大的大獎，二等獎的數量要稍多一些，與頭等獎的價位不能相差太多，這樣有利於激發顧客的積極性，更好地加入到活動中來。

(四)規則制定

超市的競賽與抽獎活動取得成功的基本保證之一就是有嚴格、清晰、易懂、準確的獎勵規則。由於消費者對有獎銷售的具體方式有自己的理解，並且這種理解的差異性很大，要求超市每次都必須將具體規則公之於衆，並受公證機關的監督。

一般而言，超市在進行有獎促銷活動時要向消費者公佈以下的活動內容：

•有獎銷售活動的起止日期。

- 列出評選的方法並說明如何宣佈正確的答案。
- 列出參加條件、有效憑證。
- 列出獎品和獎額。
- 標示評選機構以示信用。
- 告知參加者與活動有關的所有資料。
- 中獎名單的發佈公告。
- 說明獎品兌現的贈送方式。

比如：設置 4 個透明有機玻璃摸獎箱，每個摸獎箱內裝摸獎的玻璃球。顧客手背向上，一次性摸出多少玻璃球即贈送相應金額的購物券（經過實驗，一般一次抓出 18～23 個球，最多能抓出 25 個玻璃球）。

活動規則一旦確定並公佈以後，超市必須嚴格按照規則履行自己的承諾，而不應以任何理由改變規則或不予兌現。否則，不僅損害了消費者利益，也是對超市的企業形象的一個極大的傷害。

（五）費用預算

在策劃有獎促銷活動時所發生的促銷費用主要由以下三個方面構成：

⑴**活動宣傳費用。**

不論是競賽還是抽獎，或其他形式的促銷活動，都需要組織廣泛而有力的廣告宣傳活動，以喚起廣大公眾的注意與興趣。宣傳費用投入的高低，決定著該項活動是否廣為人知，直接影響著活動的效果。

⑵**獎品費用。**

在設計獎品費用時，要綜合考慮促銷的商品、促銷活動的主題，以及開展活動的地區與促銷費用總預算等諸多因素。同時，

也要注意實物獎品往往比現金獎品更能節省獎品費用。因為現金
獎品沒有打折的餘地。

⑶**其他費用。**

超市有獎促銷的費用還包括表格和其他印刷宣傳品的印刷
費用，來件的評選處理費用及其他費用如稅金、保險費、公證費
等。

如何籌集、運用、監控有獎促銷活動的費用，也是有獎銷售
整體策劃內容之一。通常超市在籌集資金上可以採用自有資金，
也可以與廠商合作或尋求其他贊助等方式來取得資金。

四、店慶的廣告策略

廣告是超市主題促銷的重要手段，通過廣告媒介可以樹立超
市獨特形象。

在樹立獨特形象方面可採取以下幾種策略：

第一，借助電視、報紙等大眾傳播媒體，推廣公司的總體形
象，使消費者對超市產生認同感，並激發其購物興趣。

第二，利用超市的「看板」誘導顧客。

第三，將公司的配貨車裝飾成商用宣傳車，使之發揮流動廣
告的作用。

第四，開發自設產品系列，如香港的百佳超市將其銷售產品
命名為「百佳牌」，這對於樹立獨特形象具有重要作用。

第五，組織社區活動，與社區內的居民、廠商、社會機構保
持經常的溝通，以建立和維持相互間的良好關係，擴大超市在社
區內的影響。

第六，運用多種廣告形式。

除了報紙、電視等主要廣告媒介外，還可運用店頭廣告、表演性廣告和口傳資訊等多種廣告形式：

——店頭廣告，就是在商店內及店門口所製作的廣告。一般可分爲立式、掛式、櫃頭用式、牆壁用式4種。

在現代社會裏，人們的交際越來越廣，往來越來越頻繁，因而口傳資訊對消費者行爲的影響就越來越大。所以，商店在花錢大做廣告的同時，不可忽視這種「義務廣告」。超市要爭取顧客，擴大銷售，在激烈的市場競爭中站穩腳跟，應當積極地擴大正面的「義務廣告」，消除負面的「義務廣告」。

- 尋找出每種商品的創新者和早期採用者，設法摸清這些人的特點，投其所好，對其實施重點銷售攻勢。要通過他們的採用，影響更多的人採用。

- 拿出價廉物美的商品來。消費考同別人談起購買的商品時，不外乎是質量和價格兩個方面。質量好且價格低廉就褒，質量差而價格高昂就貶。因此，只有商品質優價廉，才能使消費者覺得購買的商品合算，才會樂意去做正面的「義務廣告」，招引別人也來購買。

- 提供優良的服務。商店的購物環境優美、服務項目多、服務態度好，就會在顧客心中留下一個美好的印象，商店的名聲就會傳揚出去。傳揚出去的就是曾在這裏得到了優良服務的顧客。因此，商店一定要與顧客保持友好關係，這是爲了一方面吸引顧客下次再來；另一方面讓這些顧客去爲商店做正面的「義務廣告」。

——POP 廣告。其英文原意爲賣點廣告，其主要目的是將店

家的銷售意圖準確地傳遞給顧客，在銷售現場直接促進顧客即時購買的衝動。

廣告的作用主要是向目標顧客傳遞產品或者服務的各種資訊，這是商品或者服務接觸消費者必要的手段。

——對顧客發放促銷小廣告：

尊敬的顧客，××超市開張，得到了廣大顧客的認可和支持，為了回報廣大顧客的厚愛和迎接中秋的到來，本超市在今後3天進行如下回報活動。

……

使用這種促銷手段可以令顧客在口碑的傳遞下達到一傳十，十傳百的效果，對於造勢和絕對的銷售額是很有效果的。它可以在3天的銷售中讓對手根本沒有反應的機會，同時更能給顧客一個很深的印象。

五、店慶的促銷策劃重點

一套促銷方案不是單一的促銷手段和單一的促銷功能，應該是多種促銷手段的有機結合，以達到促銷的戰略功能與戰術功能的有機結合，即既要考慮有效提升銷量的戰術層面的作用，又要考慮到有效提升品牌形象和忠誠度的戰略層面作用。成功地策劃一次店慶促銷活動要把握好以下幾點：

（一）主題明確

主題明確是任何一次促銷活動的基本要求，店慶促銷時也是一樣。類似「塑造新形象，迎接新挑戰，再創新輝煌」之類的主題並不能體現出企業具體的意圖。

　　某百貨商場在 56 週年店慶時，將營銷活動分兩部分開展：一是以「流金歲月，放心爲魂」爲主題的企業文化叢書首發及宣傳活動，重在宣傳企業的文化理念，增強信譽感，二是以「店慶狂歡，震撼讓利」爲主題的促銷活動，採取高毛利大類商品 5‧6 折，低毛利大類商品進價加 56 元的促銷方式。

　　在強大的媒體宣傳及各方面因素的推動下，活動實施 4 天（10 月 17 日～10 月 20 日），商店銷售額同比上升 150%，其中 20 日銷售額創該店建店以來單日銷售新高。

(二)宣傳企業

　　店慶促銷不同與其他節日促銷的一個地方，就是它是本企業所獨有的，因而也是一個很好的宣傳企業的時機。事實上，商場在店慶促銷時往往會配合大量的企業宣傳，以加大企業的影響力。

　　仍以上例來看，營運部在制定促銷方案時，強調了 56 週年店慶的核心概念，並在企業文化宣傳和店慶促銷兩個方面同時加以體現。企業文化宣傳以 10 月 20 日店慶當天，一部總結 56 年企業發展理念的《××店企業文化叢書》首發贈書儀式爲核心開展現場公關活動，並以櫥窗、東南角大廳展板、一店服務品牌展示活動等輔助形式直接對 56 週年店慶的概念加以宣傳。

(三)概念出新

　　店慶促銷每年都有，如何讓每年的活動都耳目一新，如何與其他企業形成鮮明的對比，就要靠製造獨特的概念，並將促銷活動的實施細節與之結合起來。

　　在上面的促銷案例中，整個營銷方案處處突出 56 週年店慶的原創概念，而這是其他商家所無法模仿的。促銷方案以地下超市至層商場聯動實施，高毛利大類商品統一折扣酬賓，低毛利大

類商品統一成本價銷售；再加購物滿額贈禮的促銷形式，並採用了 5.6 折、進價僅加 5.6 元或 56 元及購物滿 560 元送價值 56 元禮品的方式。

在活動實施階段，無論在電視媒體、報紙媒體還是售點媒體，均處處體現「店慶狂歡，震撼讓利」的主題，盡量將參加促銷的各商品大類具體化，特別突出「5.6 折」、「5.6 元或 56 元」、「560 元」等數字。從各個方面做足了「56」的原創概念。

(四)媒體策略

由於店慶節日的特殊性，往往都比其他節日的媒體投放力度要大，而媒體策略對促銷活動的成功與否也起到了重要作用。總的來說，店慶促銷的媒體策略要注意以下方面：

第一，媒體導人應當逐步推進。首先從企業的整體形象推進，作爲一個有力的切入點，從電視媒體入手，報刊長篇的通訊報導作爲引導，此類報導最好頻率大一些。每次的報導應當在顯要位置突出顯示活動的 VI(活動標誌)。

第二，在商品促銷資訊的宣傳上，要按照輕重緩急，分別給相關資訊不等篇幅的軟/硬廣告。在商品資訊類廣告的載體上應當加大品牌的曝光比例，通過品牌拉動顧客的新鮮感。可以結合賣場的實際狀況，在最新引進的品牌上下工夫。有的商場在店慶促銷時，把品牌獻禮作爲一個媒體投放和吸引顧客的側重點，以品牌展示的方式拉開整體活動的序幕，取得了很好的效果。

第三，在戶外廣告方面，可以在樓體的外面以「××商場××週年店慶」爲主題懸掛巨幅兩條；賣場的 POP 應力求傳達節日的視覺效果，在所有的 POP 上都應標註商場週年店慶 VI；在每個樓層的樓梯口，均採用落地的支架廣告，重點介紹整體活動和各樓

層的部分資訊，同時在各個賣場，商品比較集中的區域將所有參加活動的品牌標註，以增加節日和促銷的氣氛。

第四，廣播廣告以節日活動的形象宣傳爲主，不要特別播出價格資訊。

第五，超市和家電、電子可以採用 DM 方式進行直投，發佈的數量較平常應當有所增加，DM 上要標注活動 VI。

第六，網路廣告要全面更換週年慶典的內容，可以分時間段推出。相關欄目全面報導所有的價格資訊和活動資訊。

(五)促銷活動體現主題

每一個週年店慶都是獨特的，促銷活動的具體內容應儘量體現主題，比如 10 週年的店慶活動要儘量用 10 概念，5 週年店慶要在促銷活動中儘量使用 5 的概念。下面是一個商場的 3 週年店慶促銷活動，其中多項活動都用到了「3」的概念：

→驚喜店慶日，大禮送不停

活動期間在××××購物的顧客，購物就有大禮贈送。不同金額，不同驚喜：

購物滿 33 元送……

購物滿 3×33 元送……

購物滿 6×33 元送……

→同喜慶，三「緣」同送

(1)三歲的兒童到新百購兒童類商品均贈送玩具一個；其他年齡兒童購兒童類商品滿 100 元的，贈送玩具一個(戶口名簿爲憑)。

(2)生日爲 9 月 16 日的顧客，到××××購買商品贈送生日禮物一份(以身份證爲憑)。

(3)在 9 月 16 日結婚的夫婦，到××××購物就送結婚紀念日

禮物一份。

→「進門有喜」

另外，9 月 16 日，進店前 333 名消費者可領取三張 10 元代金券。

→獻 3 元愛心，中甜蜜獎品

店慶當日在商場前廣場設紅十字愛心捐款箱，凡顧客當場向社會捐出 3 元錢即可參加摸獎遊戲 1 次，中獎率為 50%，獎品為價值不等的現金券。

(六)店慶的促銷手段分析

店慶促銷有擴大企業影響力的特殊目的和功能，在促銷的手段上，往往在打折、買贈等常規的營業推廣的手段之外，都會更多地採用公關、文化等促銷手段。

1.公關活動

公關活動對樹立企業形象、贏得顧客信賴具有重要的作用。某商場在 2 週年店慶時舉辦了「1%公益金愛心奉獻活動」。

在 11 月 1～30 日店慶期間，在商場內舉行「聾啞學校、盲校學生作品及學習生活照片展覽」。針對這一特殊群體在他們的領域裏自強不息的生活學習情況，商場在這一期間舉辦「1%公益愛心奉獻活動」，顧客只要將自己的購物票據投在募捐箱內，商場就會將顧客投票金額的 1%作為愛心公益捐獻給這兩所學校，來提高他們的學生生活質量。屆時該公司還將抽出 10 名幸運顧客一起走訪這兩所學校，共獻一片愛心。

另一商場在 41 週年慶典時，正值搬遷 1 週年，舉辦了長達43 天的店慶促銷活動。整個活動以一個公關活動「『××杯』2000年「學子創業創意大賽」為經線來展開，以 6 個階段性營銷活動

爲緯線貫穿整個慶典活動。

　　攻關活動的主題是「10 萬元創業 3 年後資產達到 500 萬」，時間從 8 月 15 日持續到 10 月 1 日。具體內容是：與市政府、等政府職能部門聯合舉辦，由××集團出資冠名。評選所產生的一等獎，可由xx集團對其進行風險投資，讓學子按其創意進行創業，並關注其發展。

2. 文化活動

　　文化活動也是店慶促銷活動常常採用的促銷手段。某購物廣場在 6 週年店慶活動中舉辦了一次徵文活動，大大提升了企業的影響力。

　　該次徵文活動以「隨想××」爲主題，從 9 月 15 日至 10 月 15 日持續一個月的時間。

　　徵文要求通過文字講述××廣場開業 5 週年以來鮮爲人知的故事。徵文自 9 月 15 日起，截稿日期爲 10 月 15 日，參賽者可以通過信件郵寄、親自送至××購物廣場總服務台或者以發送電子郵件的方式向××購物廣場提交自己的文章。

　　徵文設一等獎一名，獎品爲價值 200 元的xx購物親情卡一張，××會員積分卡一張(贈送積分 500 分)；二等獎三名，獎品爲價值 100 元的××購物親情卡一張，××會員積分卡一張(贈送積分 200 分)；三等獎五名，獎品爲價值 50 元的××購物親情卡一張，××會員積分卡一張(贈送積分 100 分)；紀念 10 名，獎品爲××會員積分卡一張。

　　獲獎名單子 10 月 20 日以前在企業網站上公佈。爲了擴大影響，企業網站專門開闢專欄，收集相關作品，刊登徵文比賽的相關細節問題。並且還於 9 月 15 日至 9 月 22 日在廣播電台一週滾

動播出了系列廣告。

3.贈送禮品

贈送禮品也是百貨商場店慶促銷活動中常用的促銷手段。某購物廣場將其 4 週年慶企劃主題定為：××商場四週年，快樂購物三重奏，其中有兩項就是對顧客的贈送活動。具體內容如下：

第一重奏——壽星有賀禮：凡 9 月 10 日出生的顧客憑身份證複印件和原件，到××商場就可獲得××會員卡一張和喜糖一袋;

第二重奏——教師得喜禮：9 月 10 日出生的本市現職教師憑教師證原件，到××商場就可獲得××會員卡一張和喜糖一袋！

此外，抽獎、打折等手段也都幾乎是店慶促銷活動中必不可少的促銷手段，有的還會在店慶期間延長營業時間。這些手段在各種促銷活動中運用得非常廣泛，應用大同小異，此不贅述。

六、店慶促銷策劃方案

◆方案 1：某超市四週年店慶促銷方案

一、活動目的

在前幾年店慶的基礎上，更進一步地加深超市與顧客間的友誼，真真切切去關心社區朋友，為有需要的人們獻一份愛心，從而樹立超市關愛社區的企業形象,並在短期內提升超市的營業額。

二、活動時間

12 月 15 日～12 月 31 日

三、活動主題

情定四週年　愛心滿××

四、活動地點

××超市

五、活動準備工作。(略)

六、活動內容

第一部分：瘋狂情節

(一)主題活動

1.瘋狂主題激情從此開始

2.活動時間

　　12 月 15 日～12 月 31 日

3.具體內容

　　購物滿 100 元，獻愛心 1 元送當令生鮮商品一份(價值 5 元左右)，團購不參加，單張票據限送二次。

4.贈品選擇

　　雞蛋、蘋果、活魚、鮮肉、粽子、吐司麵包、牛奶。

　　贈品相關事宜：

品名	數量	單價 (預計)	供應商 贊助量	門店 自備量	費用(元)
雞蛋	6500	4.5 元/份	3250	3250	14625
蘋果	6500	4.5 元/份	3250	3250	14625
活魚	6500	4.5 元/份	3250	3250	14625
鮮肉	6500	4.5 元/份	3250	3250	14625
粽子	7000	4.5 元/份	3500	3500	31500
吐司麵包	7500	4.5 元/份	3750	3750	33750
牛奶	7500	4.5 元/份	3750	3750	33750
合計：	48000		24000	24000	108000

　　根據去年店慶(12 月 28 至 1 月 12 日)的銷售與交易數，大於、等於 100 元的交易數為 30000 次左右，根據「限送二次」換算，

次數達 40000 萬次。今年店慶銷售目標是交易數增長 15%(參考隨機計算同期交易數的增長率)，今年需贈品數 46000 份，加備量 2000份，預計量 48000 份。

5.贈品落實部門

生鮮部

6.部門分工

(1)企劃根據生鮮的談判結果進行贈品準備及贈送現場的裝飾和場地的準備。

(2)理貨組，每天提供人員 3 名，協助總台對贈品進行發送及贈品的陳列工作。

(3)總台根據贈品的量，進行每天的等比分配，保證贈品數與活動期同步進行。

7.活動宣傳

場內：帶「活動內容」的吊旗製作和安排懸掛工作。

對外：店慶專刊、社區輔助宣傳等手段。

8.設想分析

通過此類活動，烘動人氣，在有限的來客量裏提高客單價，從而增加銷售。

(二)形象活動

1.活動主題

承諾再續

2.具體內容

(1)我們向您莊嚴承諾：若您在購物後 15 天內，在××市任何同類型超市發現同樣商品的價格更低廉的，我們將給予退補差價。

(2)我們向您承諾，在購物後 10 天內，如您對商品不滿，可以

無條件退貨(除消協規定商品外)。

3. 宣傳和推廣

(1)超市主入口處，用顯著的標語提示！

(2)店慶的 DM、海報、生鮮早市海報等超市宣傳途徑，不斷地對顧客進行提示，樹立企業的形象。

4. 設想分析

此承諾在去年店慶後推行的基礎上，通過廣播、橫幅等宣傳方式。更強的力度來提高××超市的價格形象，本著「平實可信的價格」服務宗旨，真真正正地維護××超市的價格誠信度。

(三)重點大類，促銷活動

1. 保健品

(1)促銷主題：以舊換新。

(2)活動時間：12 月 15 日～12 月 31 日。

(3)促銷內容：購買本超市的任何一款保健品，憑收款票據，加產品的外包裝(或舊包裝)可抵換現金 3 元。

(4)分工：

①理貨：與參加活動的各供應商談判，要求退換商品舊包裝所需的費用由供應商分擔。

②企劃：

・宣傳：除以上宣傳手段外，另加報刊宣傳。

・準備顯眼的兌換場地及佈置。

・台賬表格的提供。

・活動結束後費用的清算工作。

③總台：現場兌換工作的實施；每日台賬登記。

(5)設想分析：

保健品是超市銷售重要一部分。又逢春節，更是保健品的天地。因此針對這個大類推出以上活動。

2.家電

(1)促銷主題：觸「電」大行動。

(2)活動時間：12 月 15 日～12 月 31 日。

(3)促銷內容：全場家電特價，並跟供應商協調，爭取各類商品相關的贈品。經過賣場家電區氣氛樹造及贈品展示，吸引人氣。

(4)活動分工：

· 理貨組：與供應商談判，讓利促銷及贈品的準備。

· 企劃：家電區裝飾，突出促銷的氣氛。

(四)特價

1.店慶價商品

(1)促銷主題：將降價進行到底。

(2)活動時間：12 月 15 日～12 月 31 日。

(3)商品數量：300 個左右。

(4)活動分工：

①各理貨組談判，準備特價清單，比例為 3:6:7(生鮮、食品、百貨)。 (提示：準備特有優勢的一批作為 DM 商品，數量為 80 個，各種 DM 商品比例根據價格優勢定。)

②企劃：DM 的排版和製作工作；店慶價標識設計和製作。

(5)設想分析：店慶商品的選擇，因根據當令季節和消費者消費動向來定。讓顧客正常感覺到店慶的進行中，真正的實惠。

2.每日衝浪價商品

(1)主題：激情放縱，超值感覺。

(2)每日一物。

(3)分工：

①理貨組準備商品 16 個(分配比例為 3：6：7)。價格尺度絕對低。

②企劃：衝浪陳列區準備與裝飾；DM 首版製作；衝浪商品畫報製作；每天更換工作。

(4)設想分析：以低價為主，體現商品的廉價為目的。如油、棉拖、大米、雞蛋、水果等。通過廉價的犧牲性商品的大幅度的宣傳提示，來吸引更多的人氣，達到店慶的目的。

第二部分：懷舊情節

(一)徵文活動

1.內容：向社會徵文，題目「我與××店的故事」。目的是收集各方的優秀文章，裝訂成小冊子，作為超市刊物。

2.目的是來體現企業文化，增進彼此的交流。

(二)友情聯絡

1.內容：篩選出 6 月 1 日前，曾經來本超市購物達 6 次以上。金額達 2000 元以上的會員，寄一封慰問信(內容：郵報、禮品券、會員卡填寫資料)。憑資料與禮品券於次年 1 月 10 日前來換取會員卡和禮品各一份。

2.設想分析：利用會員卡和禮品的吸引度來煽動購買力強的會員來本店消費。

(三)愛心活動

1.愛心辦卡

(1)活動主題：給愛一個釋放的空間。

(2)活動時間：12 月 15 日～12 月 31 日。

(3)活動內容：5～30 元不等辦理××會員卡。會員卡收入除 1

元的成本外，其餘作為愛心捐款。

(4)活動分工：

①企劃：向總部申請，1 元辦卡活動；數量根據情況定；製作辦卡台(要求：商業氣氛少，具有濃厚的公益性)和捐獻箱(規格大，最好透明，上面要有公證單位的提名)。

②理貨組協助總台安排現場辦卡人員。

(5)此活動一方面是要挖掘顧客的自發心理，動員他們獻自己的一份愛心，自由選擇捐獻金額；另一方面，普及會員卡，增加我們的來客量。

2.愛心起點站

(1)起始時間：12 月 31 日。

(2)內容：給週邊社區雙下崗工人、沒生活來源、病人、殘疾人等困難人員提供幫助和物品支援(選定需幫助對象 100 人)。

(3)物品：油、棉被、米。

(4)物品費用來源：

①倡導社會獻愛心，動員顧客來辦會員卡，會員卡除成本外，其餘的收入作為贊助的一部分。

②供應商贊助一部分。

③準備一部分愛心商品，內容是凡購此類商品一份，就獻愛心一份，其中的一份利潤贊助(比如 1 元、各 2 元等)。

(5)分工：

①理貨組準備愛心商品名錄(商品數量暫定 10 個，建議：選高毛利的，或者是能向供應商爭取讓利的)；根據現場安排陳列。

②企劃給愛心商品陳列區進行裝飾，營造「愛心」氣氛。

第三部分：互動情節

(一)聯營專櫃的促銷活動

1.活動內容

店慶期間，開門營業前 100 名顧客，憑 DM(或是報紙)上的廣告，可花 1～5 元購買 50 元左右的商品一件(商品：被套、枕套、衣服、茶葉、洋參等)。

2.要求

每個租賃商與聯營商都需要參加，活動費用通過商品或現金形式分配。特價品達 1600 份。

3.成本費用

32000 元。

4.補充活動

特價或打折。

5.分工

企劃進行特價品籌集。

(二)供應商買贈活動

分工：由理貨組籌集並上報活動內容；企劃根據上報的活動進行安排。

(三)店慶拍賣

聯繫××拍賣行，通過互動活動來拱動現場氣氛，如遊戲、現在搶購等活動。

七、費用預算。(略)

八、活動注意事項及要求。(略)

◆方案 2　真情奉獻六週年慶

活動主題：創業六年，真情奉獻

活動時間：××年 6 月 12 日～7 月 12 日

促銷執行部分

(1)執行時間

6 月 12 日～7 月 20 日。

(2)執行門店

超市公司所有分店。

(3)執行要點

①六週年系列促銷活動(積分、商品特賣)。

②六週年賣場現場的氣氛佈置及裝飾。

(4)具體執行：

促銷活動系列一：

①促銷主題：6 週年超值商品大集會——商品熱賣

②促銷時間：第一檔期，6 月 12 日～6 月 25 日

　　　　　　　第二檔期，6 月 26 日～7 月 12 日

③門店執行細表：

促銷 事項	1.充分備足第一期的特賣商品貨源；(根據採購部發放的特賣商品清單)。 2.對特價商品進行端頭、堆裝陳列，做好特賣物價牌、POP 標誌。 3.對於特賣商品出現缺貨的現象，請於 4 小時內向採購部反饋。
執行 要求	1.六週年特賣商品的標誌粘貼要求 (1)根據採購部提供的特賣商品清單，對於要求貼「超市六週年特賣商品」的標誌，統一將標誌貼在商品正面右上方，部分形狀不規則的商品，門店可根據實際情況而定,但必須保證整體美觀性。 (2)「超市六週年特賣商品」的標誌由採購部統一製作發放，門店負責接收。

	2.商品特賣區(從第二期開始) (1)對於 6 元特賣的商品,由採購部統一配置(數量、包裝、條碼),門店負責接收商品。 (2)對於 6 元的商品特賣區,門店必須進行突出堆裝陳列,採購部將配置相關的特賣標誌。 3.團購的商品特賣(從第二期開始) (1)對於團購商品(夏令用品等),由採購部統一配置(數量/包裝/條碼),門店負責接收商品。 (2)門店必須對團購商品突出堆裝陳列,採購部將配置相關的團購特賣標誌及洽談標誌。 4.廠商商品促銷專場特賣 對於廠商促銷專場特賣的商品,有位置的門店必須配合相應的裝堆或端頭陳列。突出量感。
完成 時間	第一期商品特賣:6 月 11 日 22 時前,第二期商品特賣:6 月 23 日 22 時前。
材料到 位時間	「超市六週年特賣商品」標誌; 6 元商品特賣區標誌等材料均於促銷活動開展前的 2 天到位。

促銷活動系列二:

①促銷主題:6 週年瘋狂集點送

②促銷時間:6 月 12 日~7 月 12 日

③促銷地點:各分店

④促銷內容:凡一次性購物滿 50 元,憑收銀單據,可抽取 5 ~50 分等不同的積分獎卡,多買多送,購買單件商品最高限送 5 張,積分獎卡可累計使用,於 7 月 20 日前,積分卡獎券兌換結束。

⑤積分獎項:

積分累計滿 10 分　贈送會員卡一張

積分累計滿 20 分　贈送週年慶紀念品一份(毛巾)

積分累計滿 50 分　贈送××牌潤髮乳

積分累計滿 80 分　贈送××牌洗髮露

積分累計滿 100 分　贈送 50 元的消費獎券

積分累計滿 200 分　贈送 100 元的消費獎券

積分累計滿 400 分　贈送 200 元的消費獎券

積分累計滿 600 分　贈送 300 元的消費獎券

積分累計滿 800 分　贈送 400 元的消費獎券

積分累計滿 1000 分　贈送 500 元的消費獎券

(5)門店六週年佈置推廣執行時間表

時段	特色項目	具體事項	執行時間
週年慶第一期	週年慶氣氛佈置	週年慶專制的門面條幅、吊旗、海報、貨架貼等佈置完	6 月 5 日起
	週年慶光碟	週年慶第一期的播音光碟(門店按時播放)	
	門店清潔工作	各門店須對燈箱、商場玻璃、吊頂等各區進行徹底清掃,6 月 14 日前完成	6 月 14 日前
週年慶第二期	週年專制材料啟用	年慶專制的馬夾袋、氣球到位,門店開展執行	6 月 20 日前
	週年慶巨幅啟用	部分門店的週年慶巨幅啟用	6 月 20 日前
	週年慶條幅啟用	各門店週邊統一懸掛六週年宣傳豎幅	6 月 20 日前
	標誌更新	採購部對破舊的 VI 標誌進行更新(部分門店)	6 月 20 日前
	週年慶光碟	週年慶第二期的播音光碟(門店按時播放)	6 月 24 日起
	現場氣球佈置	各門店根據週年慶製作的氣球,規劃現場進行氣球裝飾 6 月 24 日起	6 月 24 日起

第*10*章

會員制的管理辦法

🔊)) 第一節　會員制組織的管理辦法

　　對於企業來說，制度就像是一台發動機，只要這台發動機安全可靠，其管理的企業就能夠正常運轉。企業若要實行會員制，就要建立相關的管理制度。

　　會員制的管理制度主要包括：入會資格審查制度、入會（及退會、除籍）公告制度、資源分享制度、保密制度、銷售服務制度等。

　　會員章程是開展會員制行銷的大綱，應該在章程中明確俱樂部宗旨、會員資格、會員權益、會員義務、會籍管理、組織機構、管理制度等事項。會員制章程主要組成部份與具體內容如下：

一、總則

　　爲了提供社會各界有關人士和事業單位社交（或購物、共同愛好、資訊交流、休閒娛樂等）活動場所和機會，發起組建會員制組織，特制定本章程。

　　俱樂部名稱：

　　中文：_____，簡稱：_____

　　俱樂部一切活動，遵守國家法律、法規，維護國家利益和社會公共利益，接受政府有關部門的依法監督和管理。

二、俱樂部地址、規模、範圍

　　(1)俱樂部地址及郵編。

　　(2)俱樂部實行會員制，一切設施的服務均屬會員專用，不對外營業。

　　(3)本俱樂部爲封閉式，會員總額定名（或開放式，不限定名額）。

　　(4)俱樂部活動範圍。

三、會員

（一）會員資格

1.個人會員資格

(1)年滿 20 週歲以上的公民；

(2)有正當職業和良好的財務資信；

(3)能理解、同意本章程，並且品行端正。

　2.法人會員資格

(1)在境內或境外合法存在的企業法人或社團法人；

(2)有良好的財務資信；

(3)財產在××萬元以上。

（二）會員組成

(1)金卡會員：會員證一張，記名會員卡一張，不記名附卡兩張。

(2)銀卡會員：會員證一張，記名會員卡一張，不記名附卡一張。

(3)名譽會員：會員證一張，記名會員卡一張，不記名附卡一張。

不同類會員享有不同的會員權利。

（三）入會手續

(1)填寫入會申請表格並附身份證或法人執照複印件、照片及其他文件；

(2)經俱樂部理事會審理；

(3)批准入會，簽訂入會合約，交納入會費及保證金；

(4)發給會員證卡，成為正式會員。

（四）會員的基本權利

(1)不同等級會員享有不同的優先、優惠權利；

(2)會員享有入會合約、章程規定的有關權利；

(3)享有俱樂部提供的各種消費服務；

(4)享有俱樂部提供的資訊和活動；

(5)對俱樂部管理有監督、建議和批評權;

(6)對會籍讓權的自由(一般不准退會,只可轉讓)。

(五)會員的基本義務

(1)嚴格遵守國家有關法律、法規以及俱樂部的規章制度;

(2)不能延遲交納規定的管理年費或其他費用;

(3)遵守本章程、入會合約,服從理事會決議;

(4)接受俱樂部的日常管理和監督;

(5)記名式正卡不得私自轉借使用;

(6)會員對其正卡、附卡持卡人在俱樂部的一切行為負有責任。

(六)會籍轉讓

(1)會員持有會籍_____個月後方可轉讓;

(2)由原會員和新會員共同提出書面申請,經俱樂部理事會同意後方可辦理轉讓手續;

(3)會員轉讓時,新會員向原會員支付轉讓費,並由原會員向俱樂部交納總轉讓費用_____%的手續費;

(4)會員轉讓的盈虧責任歸原會員。

(七)處罰規定

會員犯有以下問題時,根據理事會決議有權予以除名或暫停會籍一段時間的處分

(1)違反了俱樂部規則或觸犯國家法律;

(2)有損俱樂部名譽或破壞俱樂部秩序;

(3)延遲交納年費或其他費用,經書面警告 3 個月仍不履行;

(4)發生被理事會確認須處分的行為。

對除名的會員收回會員卡,保證金、入會費等不予退還,該

會員資格向新會員招募。

（八）會員資格的繼承

⑴個人會員在死亡、喪失行爲能力、永久性離境等情況下，其會員資格可由 1 名法定繼承人繼承，辦理更名手續，交納 ＿＿＿＿％的手續費。

⑵法人會員在該法人破產、解散時，或遇到重大訴訟案時，其會員資格可由法人的債權人繼承，辦理更名手續，交納 ＿＿＿＿％的手續費。

（九）其他規定

俱樂部一般不允許退會，在會員證到期而無法延續時，由俱樂部收回原會員證、卡，而作爲新會員證招募會員。

四、俱樂部理事會

⑴俱樂部設立理事會，爲俱樂部諮詢、議事、監督機構。

⑵理事會設立理事長 1 人，秘書 1 人（可由總經理兼任），視情況聘請名譽理事長、名譽理事若干名，理事會規模爲＿人。

⑶理事會每屆任期年，一年召開兩次理事會議，遇特殊情況可召開特別會議。

⑷理事會職能包括：

a.審查通過俱樂部的各種規章制度；

b.審核、批准會員加入或轉讓的申請；

c.任免俱樂部總經理等高級職員；

d.審查俱樂部管理方案、工作報告、財務報告和收費標準；

e.決定其他重大事項。

(5)理事會普通決議以簡單多數通過，特別決議以三分之二以上同意通過。

(6)理事會成員：

a.首屆理事會成員由俱樂部管理機構提名組成；

b.其他各屆理事會由全體會員或會員代表選舉產生。

(7)俱樂部每年劃撥一筆理事會工作經費。

(8)理事會閉會期間，由理事長、副理事長、秘書代表理事會行使職權。

五、總經理

(1)俱樂部實行理事會領導下的總經理負責制。

(2)總經理職責包括：

a.執行理事會各項決議，提出工作報告；

b.主持俱樂部日常經營管理活動；

c.擬訂俱樂部機構和管理制度，報理事會審核批准；

d.提請任免俱樂部高級管理人員；

e.決定處理俱樂部的重大事務；

f.理事會授予的其他職責。

(3)總經理和其他工作人員，不得從事與俱樂部利益衝突的工作。

六、財務管理

(1)俱樂部按有關規定制定相應的財務管理制度。

(2)俱樂部按規定向會員報告俱樂部財務狀況。

(3)俱樂部為營利性時，須辦理稅務登記，依法納稅。

(4)俱樂部調整各項收費項目和標準，須遵守程序辦理。

七、附則

(1)會員應熟知和遵守本章程、各項規章制度、俱樂部公告，若發生任何違反或疏忽行為，均不得以任何藉口推諉責任。

(2)因戰爭、自然災害、政府法令等不可抗力之原因，俱樂部理事會有權決定是否繼續營業。

(3)本章程未盡事宜，將在今後制定其他規則和管理辦法。

(4)本章程解釋權屬俱樂部理事會。

第二節　VIP 高爾夫俱樂部的會員章程

「VIP 高爾夫俱樂部」主要為會員提供培訓、會員賽、優惠訂場等多個服務項目。會員入會後須交納 200 元/年的年費，年費中已經包含了差點系統的使用費和指定服務項目的服務費。此外，會員還可用非常優惠的價格享受其他各項優質的服務。

VIP高爾夫俱樂部會員章程（個人會員適用）

第一章　總則

第一條　爲了加強 VIP 高爾夫俱樂部的管理，促進俱樂部的健康發展，維護俱樂部和廣大會員的公共利益，制定本章程。

第二條　VIP 高爾夫俱樂部（GoTone Golf Club）是中國移動 VIP 俱樂部屬下的一個專業俱樂部，是中國移動爲廣大 VIP 客戶提供高品質服務的一個重要平台。

第三條　VIP 高爾夫俱樂部宗旨：遵守國家法律、法規和政策方針，遵守社會道德風尙。積極爲 VIP 俱樂部會員打造一個全新的服務平台，提供全面、週到、快捷的高爾夫運動服務，讓俱樂部會員體驗真正屬於自己的品位和情趣，充分體現中國移動「溝通從心開始」的企業理念和服務承諾。

第二章　服務內容

第四條　VIP 高爾夫俱樂部致力於爲廣大會員提供「精細化、差異化、個性化」的優質、優惠服務，主要服務內容包括會員培訓、會員賽、優惠訂場、差點系統服務、高爾夫資訊和球具團購等多個項目。

(1)會員培訓：會員基礎培訓、會員高級主題培訓和會員球具知識培訓等，並可優惠訂閱會員培訓資料。

(2)會員賽：組織參加地區性和全國性會員賽。

(3)優惠訂場：在與俱樂部簽訂服務協議的球場消費可享受優惠和優質服務。

(4)差點系統服務：VIP 高爾夫俱樂部與高爾夫球協會合作推廣差點查詢系統，會員可享受差點提交和查詢服務。

(5)高爾夫資訊：以優惠資費提供高爾夫資訊查詢服務。資訊內容包括高球資訊、高爾夫技術講解、球星新聞、高爾夫規則、高爾夫幽默等，會員可通過手機短信訂閱、WAP 網站查詢或專業坐席查詢。

(6)球具團購：為會員提供一個優惠的交易平台。

針對 VIP 高爾夫俱樂部的詳細內容請撥打 12580 諮詢。

第五條 VIP 高爾夫俱樂部為會員提供一個享受優惠服務平台的同時，會員也必須為自己所享受的各項服務支付一定的費用。

(1)俱樂部年費：會員入會後須交納 200 元/年的年費，年費中已經包含了差點系統的使用費和各項服務的服務費。

(2)培訓費用：參加俱樂部組織的各種培訓時，會員可以優惠價支付培訓費用。

(3)參賽費用：參加會員賽時，會員可以優惠價支付當地球場的打球費用。

(4)場地費用：會員根據俱樂部與球會約定的優惠價格支付場地費用。

(5)資訊費用：會員訂閱和查詢高爾夫資訊，視具體資訊內容以優惠價格支付一定的資訊費。

第三章 會員須知

第六條 入會條件

(1)必須是 VIP 俱樂部會員（包括鑽石卡、金卡、銀卡會員），且當前沒有處於銷戶、停機或欠費狀態。

(2)熱愛高爾夫運動，自願加入俱樂部。

(3)同意本俱樂部章程。

第七條　入會程序

符合入會條件的客戶可致電客戶經理或者直接登陸移動網
站登記報名，也可到指定營業廳索取入會申請表和詳細資料。經
資格審查通過後正式成爲俱樂部會員，獲取印有會員 ID 號的鐳射
標籤（鐳射標籤須貼在 VIP 卡上使用）。

第八條　會員權利

(1)可享受與俱樂部簽訂服務協議的球場提供的優惠優質服
務。

(2)可獲得差點證，並享受遞交和查詢差點成績的服務。

(3)可優惠參加高爾夫俱樂部舉辦的高爾夫培訓，接受署名球
手教練的指導以及優惠訂閱培訓資料。

(4)享有包括手機短信資訊查詢等多種方式的專業資訊服務。

(5)享有俱樂部舉辦的所有會員賽的參賽權，並可受委託代表
VIP 高爾夫俱樂部參加國內外高爾夫球業餘大賽。

(6)可享受俱樂部推出的球具團購優惠服務。

(7)可優惠參加俱樂部組織的國外高爾夫球賽觀光旅遊活動。

第九條　會員義務

(1)熱愛 VIP 高爾夫俱樂部，遵守俱樂部章程，維護俱樂部利
益，積極參加俱樂部活動。

(2)按規定交納年費和支付各種活動費用。

(3)遵守與本俱樂部簽約的高爾夫球會的有關章程和規定。

(4)會員間應互相尊重，遵守高爾夫禮儀，倡導健康的高爾夫
文化。

第十條　會員資格延續及終止

(1)高爾夫俱樂部會員資格是建立在 VIP 俱樂部會員資格的基

礎之上的，每年須接受一次新的資格審查並續交年費，方可延續會員資格。

⑵如會員停止使用本公司服務，則其俱樂部會員資格自動失效，俱樂部不退還年費。

⑶會員因重大犯罪事實受到法律制裁，或嚴重損害本俱樂部利益，或拒不履行會員義務經勸解無效的，俱樂部有權取消其當年的會員資格，並酌情考慮其下一年會員資格。

第十一條　注意事項

⑴會員 VIP 卡和 ID 號只限本人使用，不可轉讓和租借。

⑵會員聯繫方式如有變動，請在第一時間通知本俱樂部，以便本俱樂部繼續為會員提供服務。

⑶會員 VIP 卡和鐳射標籤如有遺失，應立即通知本俱樂部掛失，並辦理補發手續。

第四章　附則

第十二條　會員加入本會，即視為同意本章程的規定。

第十三條　本章程自頒佈之日起實施。

第十四條　本章程解釋權、修改權屬 ABC 公司。

ABC 公司

××××年××月××日

🔊))) 第三節　俱樂部的會員管理規則

第一章　總則

第一條　本規則根據《＿＿＿＿俱樂部章程》等規章制定。

第二條　會員是經本俱樂部理事會批准其申請入會的個人或法人。

第二章　會員

第三條　會員種類。

1.個人會員與法人會員：

(1)個人會員是以自然人身份入會的會員；

(2)法人會員是以企業法人、社團法人身份入會的會員：

2.名譽會員與一般會員：

(1)名譽會員是指不繳納任何費用而入會的會員；

(2)一般會員是須繳納會費的會員。

第四條　不同級別會員持卡的管理。

1.金卡會員，持會員證一張，記名正卡一張，不記名附卡兩張。

2.銀卡會員，持會員證一張，記名正卡一張，不記名附卡一張。

3.名譽會員持卡與銀卡會員相同。

第五條　會員期限。

由會員與＿＿＿＿＿俱樂部訂立入會合約書，規定會員期

限。

第六條　入會費。

欲成爲俱樂部會員，金卡會員入會費不低於＿＿＿＿＿＿元，銀卡會員入會費不低於＿＿＿＿＿＿元。

第三章　入會

第七條　由俱樂部章程規定申請者入會資格。

第八條　入會須知。

1.填寫會員申請表。

2.提交法人執照或身份證複印件。

3.法人單位章程或概況簡介資料。

4.法人會員持有法人委託書及承辦人委託書。

5.俱樂部認爲需要提供的其他文件。

第九條　入會手續。

1.申請人準備以上材料後送俱樂部管理機構。

2.在1天內俱樂部受理後，進行調查，並作出初審結論向理事會申報。

3.交納入會費後，取得會籍，頒發會員證/卡。

第十條　會員的權利與義務由俱樂部章程規定。

第四章　會員日常管理

第十一條　會員如有下列情況，須在＿＿＿天內向俱樂部通報。

1.會員的地址、住所變更。

2.法人會員的法定代表人、負責人變更。

3.會員發生其他意外：

(1)觸犯國家法律；

(2)因不可抗力而變故；

(3)企業重組或業務範圍巨變。

4.其他事項。

第十二條　俱樂部如有如下情況，須在＿＿天內向會員通報。

1.俱樂部管理機構變更。

2.俱樂部負責人變更。

3.理事會會議和決議事項。

4.其他重大事項。

第十三條　俱樂部建立會員檔案制度。

第十四條　會員有權對俱樂部經營管理情況投訴、監督及提出合理化建議。

第十五條　會員在俱樂部場所具有優先和優惠權。

第五章　附則

第十六條　本管理規則經俱樂部理事會批准後生效。

第十七條　本管理規則解釋權屬＿＿＿俱樂部理事會。

📢)) 第四節　（企業案例）零售業快銷公司

這家零售公司是一個在某個地區內進行多元化經營的公司，它的銷售額大約佔到英國市場的 10%，我們姑且將它稱為快銷公司（Quick sell）。快銷公司最強大、也是迄今最大、最知名的部門其銷售額佔到了其總收入的 75%。這個部門由其家庭中心店鋪組成，它以高於平均價的價格銷售質量很高的商品。它最大的一個競爭優勢來自其受過良好培訓的僱員。他們極為尊重客

戶，並爲客戶提供令人滿意的服務。第二個部門是連鎖汽車服務站，它爲所有主要品牌的汽車提供日常的修理、刹車、排氣裝置、電池和加油服務。第三個部門在這個地區擁有十幾家自動洗車設備。這兩個以汽車服務爲主的部門以合理但並非是最低的價格提供質量最高的服務。最後是快銷的環境維護部門，它主要提供住宅領域的服務。這個部門成立不到一年，仍處於啓動階段。它提供的一些服務包括：對石油或油漆的廢物處理、替代能源資源（如太陽能）諮詢以及安裝供家庭使用的雨水收集系統。

快銷公司正面臨越來越激烈的競爭，這些競爭來自於一些低價五金商店和 DIY 連鎖店，以及價格有競爭力的、擁有遍佈全國範圍主要的汽車服務連鎖店。雖然快銷公司具有強大的客戶基礎，這些客戶經過慎重考慮之後都會購買快銷公司的產品，因爲它能保證產品質量，並能提供極好的服務。但還是有越來越多的客戶看起來至少會將他們的部份交易轉到快銷公司的競爭對手那裏。因此，公司的經理們決定制定一個客戶忠誠計劃，主要達到兩個目標：

·提高客戶忠誠度，並保證或贏得客戶在每個部門的 100%的銷售。
·增加不同部門間的交叉購買量。

公司的主要目標客戶群是由現有的客戶組成的，特別是來自家庭中心和汽車服務領域的客戶。公司可以從汽車服務領域得到一個維護良好的客戶數據庫。

制定忠誠計劃的第一步是形成一隻由五個人組成的項目團隊，其中一個來自財務部、一個來自行銷部、另外三個來自三個業務領域的管理層（兩個汽車部門被看做是一個業務領域）。這個

團隊從詳細分析歐洲零售業的忠誠計劃開始做起，同時他們也研究了英國其他行業的忠誠計劃。他們向公司裏經常與客戶接觸的員工請教，爲的是得到從客戶的角度來看什麼是最重要的想法。結果他們得到了一張長長的、他們認爲值得進一步分析的利益清單。這張清單包括來自快銷公司四個業務部門的與產品相關的利益，目的在於能夠增加客戶對這些部門的認識並保證所有部門的利益都包括在忠誠計劃的概念之中。表 10-4-1 是一張經過選擇後的利益清單。注意，大部份與產品相關的利益都是與忠誠計劃的目標相一致的。

表 10-4-1　快銷公司忠誠計劃的潛在利益清單

家庭中心	汽車修理	洗車	環境維護	總體
· 特別提供的產品 · 個人諮詢服務 · 兒童活動區 · 更便利的信用核准 · 電話訂貨 · 特別家居環境改善研討會 · 旅行設備出租 · 特殊活動提前入場 · 產品試用 · 購買額超過 50 英鎊，免費送貨上門	· 與汽車相關的特別研討會 · 拖車及送車服務 · 以優惠價格向客戶提供優質汽油	· 洗車 10 次將免費洗車一次 · 免費升級，爲客戶使用最好的汽車油	· 特別提供對環境有利的產品 · 舉辦環境方面講座 · 環境方面的諮詢 · 爲小企業制定減少廢棄物的方案	· 預付費電話卡 · 客戶雜誌 · 保修期延長 · 生日禮物通過借記卡付款

　　在向客戶說明了調查的原因、忠誠計劃背後的想法以及客戶如何從忠誠計劃中受益之後，他們開始讓 30 名客戶用五分制評價

上面說過的每一項利益。評估結果表明，有一些利益顯然是客戶很感興趣的。平均得分為 4.1 分或更高的組與其他得分在 3.5 分或更低的組能夠很好地分開。於是公司決定要將得分最高的前十項利益納入形成忠誠計劃概念的第三步──大規模客戶調查中。表 10-4-2 是第二步為各項利益打分的結果。

表 10-4-2　快銷公司經事先研究得出的排在前十位的利益

利益	吸引力排名
通過借記卡付款	4.6
個人的諮詢服務	4.4
購買額超過 50 英鎊，免費送貨上門	4.3
保修期延長	4.2
特別提供的產品	4.1
特別舉辦的改善家庭環境的研討會	3.5
特別舉辦的與汽車有關的研討會	3.5
客戶雜誌	3.3
生日禮物	3.1
特別提供對環境有利的產品	3.0

　　項目團隊還要求客戶將那些沒包括在利益清單之內的，但他們感興趣的或他們從其他忠誠計劃中瞭解到的利益加入其中。因此，他們又在第三步中增加了兩項利益：在清倉削價銷售時提前進場；對當地有吸引力的活動如馬戲表演或附近的遊樂場提供特價門票。同時他們還增加了另外一個因素即會費。他們考慮了幾種不同的方案：不收會費、收 10 英鎊的入會費、收 20 英磅的入會費或收 5 英鎊的年費。他們還決定在一組利益中加入家居環境改善及汽車研討會，因為這可能會擴大研討的主題及感興趣的

會員人數，而不是過於針對某個人群。見表 10-4-3。

表 10-4-3　快銷公司在第三步中保留下來的 13 項利益

客戶雜誌	這是僅向會員提供的季刊，其主題覆蓋家庭中心、家許及汽車環境改善、產品資訊等領域。它還包括會員意見專欄、舊貨交易專欄及兒童專欄
生日禮物	在特別的日子，將帶給會員一些小小的驚喜
提供對環境有利的產品	僅向會員定期提供價格極具競爭力的、具有環保性能的產品
提前入場	在每年夏季及冬季各舉辦一次清倉大甩賣活動，我們會在活動的第一天提前一小時為我們的會打開大門
特價門票	我們的會員能以折扣價購買到當地所有活動的門票
會費	不收取費用/10 英鎊的入會費/20 英鎊的入會費/每年 5 英鎊的年費
通過借記卡付款	可使用借記卡/銀行卡付賬，貨款會直接從你銀行的賬戶中劃走（無需快銷公司地信用核准）
個人諮詢	可以與相關部門的銷售人員預約諮詢服務
購貨超過 50 英鎊，免費送貨	如果您購買的商品超過了 50 英鎊，只要您願意，我們將在正常的營業時間，在 6 個小時之內把您的商品免費送到您的家裏
延長保修期	您購買的所有產品都會得到生產廠家的保證，此外，我們還會額外為您增加 6 個月的保修期
特別產品提供	每季你都會得到我們提供的、價格有競爭力的產品，這些產品在正常情況下，您從我們的商店得不到
特別家居環境/汽車保養研討會	為會員定期提供關於「電線」、「門窗安裝」、「為愛車裝備多日設施」、「汽車修理 DIY」等方面的講座。這些講座是免費提供的，但座位有限

在最後一步中，他們調查了 3600 名被訪者以及 450 名現有客戶和 150 名非快銷公司的會員。他們使用聯合測量法，要求被訪者評估包括有不同的保留利益的不同忠誠計劃的概念。通過這些評估，計算出不同利益的價值，從而清楚地展示了那些利益才是真正的價值驅動因素。利益的價值也反映出它們的相對重要性。很顯然，「會費」只有負面的價值，但爲了方便把它與其他利益相比較，他們僅在括弧裏標了一個負號（「－」）。表 10-4-4 反映了各種因素的重要性或價值。

表 10-4-4 保留下來的利益的重要性—快銷公司

保留項目	重要性
購買額超過 50 元，免費送貨上門	138
個人諮詢服務	113
會費	110
通過借記卡付款	70
延長保修期	68
提前入場	67
特別的研討會	66
特別提供對環境有利的產品	56
特別提供的產品	55
客戶雜誌	53
生日禮物	48
特價門票	41

最終結果表明，有兩個因素對被訪者來說極其重要，即購買產品超過 50 英鎊送貨上門和個人諮詢服務。它們是真正的價值驅動因素，而且會費也非常重要，它意味著潛在會員真的關心會員

資格會產生多大的費用。在第二組中，提出了其他四種價值較高的利益（通過借記卡付費、延長保修期、提前入場及特別的研討會），雖然它們並沒有前兩種利益重要。其餘的因素與這些因素相比就沒有什麼價值了。

再來看看會費的問題。收取會費雖然有一些好處，但有一個最主要也是最明顯的壞處：會員不得不為他們的會員資格付費，而沒有人真的喜歡這樣做。

接下來，這個團隊仔細研究了不同利益的成本，以及那些利益可以自己提供，而那些利益需要外界的幫助。最後決定提供個人諮詢服務及購買產品超過 50 英鎊，免費送貨上門服務。公司的員工也接受了很好的培訓，並且都是以服務為導向的，所以這些個人諮詢服務並不是很難執行。免費送貨服務可由家庭中心現有的車隊去完成，他們有多餘的產能，尤其是過了上午 11 點以後，那時當天的貨物都已經被送到各個店鋪了。最後，項目團隊決定收取 10 英鎊的入會費，他們將它解釋為處理申請資料以及會員卡等方面產生的成本。而且，一次性支付費用如入會費，公司付出的精力、管理責任以及成本要少於為保證所有會員重新申請會員資格及每年付費所做出的各項投入。

延長保修期也被加入到了忠誠計劃之中，因為快銷公司主要出售高質量的產品，他們預計在延長的保修期內所發生的賠償不會很多，因此這一部份的費用會很少。公司每月還提供一次特別的講座，部份是與其他公司如服務公司和五金製造商合作開展的。這些講座會涉及家庭中心、汽車維護部門及環境維護部門。他們還決定要在以後提供借記卡付費，因為快銷公司已經研究了它的可行性，但無論如何，這都需要具備必要的技術。這項利益

是大約一年之後使得忠誠計劃的價值再次提高的理想方法。清倉銷售時會員提前入場這項利益被去掉了，因為管理層不願看到非會員來得太早卻要等在那裏。最後，快銷公司決定出版每季發行的雜誌，即使從客戶的角度來看它的利益並不怎麼高。通過介紹所有領域的經營特色，公司可以借它來幫助跨部門的促銷活動。

在訪談當中，他們還要求被訪者估計出其在快銷公司四個部門以及其他公司的花費，以及如果他們是客戶忠誠計劃的會員，將如何改變他們的購買習慣。通過這個資訊，就可以估計出忠誠計劃的銷售額究竟會達到多少。而且，管理層對交叉銷售的效果有多強、以及如何提高交叉銷售也有了更好的認識。

經過這種徹底深入的分析，客戶忠誠計劃於項目開始後的九個月與公眾見面了。購買數據得以在會員付款出示會員號碼時收集，然後被輸入到數據庫之中。他們經過數據庫找出特定客戶比其他客戶更定期購買的四個部門的產品、產品組或服務。得出的結果被用來優化店鋪的產品範圍，並向經過選擇的細分客戶郵寄特別的信件。這些活動使家庭中心各店鋪的業務量顯著增加，兩個汽車部門的人流量也有了一定的增加。同時交叉銷售的效果也提高了 10%。現在，忠誠計劃管理層的一個主要目標是保持住目前的這些可喜的數字，甚至是在忠誠計劃推出幾年之後獲得進一步的提高。然而，好的開始並不意味著會有好的結果。習慣了會員制提供的利益以及競爭對手的忠誠計劃對自己計劃的影響一直是忠誠計劃管理層的一個挑戰。公司要持續改進忠誠計劃的概念、將數據庫用於對購買行為進行更為詳盡的分析、改變這些模式並為客戶提供定制的產品和郵件，雖然難以做到，但它們對公司卻非常重要。

圖書出版目錄

下列圖書是由憲業企管顧問（集團）公司所出版，以專業立場，為企業界提供最專業的各種經營管理類圖書。

1. 傳播書香社會，凡向本出版社購買（或郵局劃撥購買），一律 9 折優惠。

   服務電話(02) 27622241　(03) 9310960　　傳真(02) 27620377

2. 請將書款用 ATM 自動扣款轉帳到我公司下列的銀行帳戶。

   銀行名稱：合作金庫銀行　　帳號：5034-717-347447

   公司名稱：憲業企管顧問有限公司

3. 郵局劃撥號碼：18410591　郵局劃撥戶名：憲業企管顧問公司

4. 圖書出版資料隨時更新，請見網站　www.bookstore99.com

--------- 經營顧問叢書 ---------

13	營業管理高手（上）	一套	73	領導人才培訓遊戲	360 元
14	營業管理高手（下）	500 元	76	如何打造企業贏利模式	360 元
16	中國企業大勝敗	360 元	77	財務查帳技巧	360 元
18	聯想電腦風雲錄	360 元	78	財務經理手冊	360 元
19	中國企業大競爭	360 元	79	財務診斷技巧	360 元
21	搶灘中國	360 元	80	內部控制實務	360 元
25	王永慶的經營管理	360 元	81	行銷管理制度化	360 元
26	松下幸之助經營技巧	360 元	82	財務管理制度化	360 元
32	企業併購技巧	360 元	83	人事管理制度化	360 元
33	新產品上市行銷案例	360 元	84	總務管理制度化	360 元
46	營業部門管理手冊	360 元	85	生產管理制度化	360 元
47	營業部門推銷技巧	390 元	86	企劃管理制度化	360 元
52	堅持一定成功	360 元	91	汽車販賣技巧大公開	360 元
56	對準目標	360 元	94	人事經理操作手冊	360 元
58	大客戶行銷戰略	360 元	97	企業收款管理	360 元
60	寶潔品牌操作手冊	360 元	100	幹部決定執行力	360 元
72	傳銷致富	360 元	106	提升領導力培訓遊戲	360 元

112	員工招聘技巧	360元	160	各部門編制預算工作	360元
113	員工績效考核技巧	360元	163	只為成功找方法，不為失敗找藉口	360元
114	職位分析與工作設計	360元			
116	新產品開發與銷售	400元	167	網路商店管理手冊	360元
122	熱愛工作	360元	168	生氣不如爭氣	360元
124	客戶無法拒絕的成交技巧	360元	170	模仿就能成功	350元
125	部門經營計劃工作	360元	171	行銷部流程規範化管理	360元
127	如何建立企業識別系統	360元	172	生產部流程規範化管理	360元
129	邁克爾‧波特的戰略智慧	360元	173	財務部流程規範化管理	360元
130	如何制定企業經營戰略	360元	174	行政部流程規範化管理	360元
132	有效解決問題的溝通技巧	360元	176	每天進步一點點	350元
135	成敗關鍵的談判技巧	360元	177	易經如何運用在經營管理	350元
137	生產部門、行銷部門績效考核手冊	360元	178	如何提高市場佔有率	360元
			180	業務員疑難雜症與對策	360元
138	管理部門績效考核手冊	360元	181	速度是贏利關鍵	360元
139	行銷機能診斷	360元	183	如何識別人才	360元
140	企業如何節流	360元	184	找方法解決問題	360元
141	責任	360元	185	不景氣時期，如何降低成本	360元
142	企業接棒人	360元	186	營業管理疑難雜症與對策	360元
144	企業的外包操作管理	360元	187	廠商掌握零售賣場的竅門	360元
145	主管的時間管理	360元	188	推銷之神傳世技巧	360元
146	主管階層績效考核手冊	360元	189	企業經營案例解析	360元
147	六步打造績效考核體系	360元	191	豐田汽車管理模式	360元
148	六步打造培訓體系	360元	192	企業執行力（技巧篇）	360元
149	展覽會行銷技巧	360元	193	領導魅力	360元
150	企業流程管理技巧	360元	197	部門主管手冊(增訂四版)	360元
152	向西點軍校學管理	360元	198	銷售說服技巧	360元
154	領導你的成功團隊	360元	199	促銷工具疑難雜症與對策	360元
155	頂尖傳銷術	360元	200	如何推動目標管理（第三版）	390元
156	傳銷話術的奧妙	360元	201	網路行銷技巧	360元
159	各部門年度計劃工作	360元	202	企業併購案例精華	360元

204	客戶服務部工作流程	360 元	240	有趣的生活經濟學	360 元
205	總經理如何經營公司(增訂二版)	360 元	241	業務員經營轄區市場（增訂二版）	360 元
206	如何鞏固客戶（增訂二版）	360 元	242	搜索引擎行銷	360 元
207	確保新產品開發成功(增訂三版)	360 元	243	如何推動利潤中心制度（增訂二版）	360 元
208	經濟大崩潰	360 元
209	鋪貨管理技巧	360 元	244	經營智慧	360 元
210	商業計劃書撰寫實務	360 元	245	企業危機應對實戰技巧	360 元
212	客戶抱怨處理手冊(增訂二版)	360 元	246	行銷總監工作指引	360 元
214	售後服務處理手冊（增訂三版）	360 元	247	行銷總監實戰案例	360 元
215	行銷計劃書的撰寫與執行	360 元	248	企業戰略執行手冊	360 元
216	內部控制實務與案例	360 元	249	大客戶搖錢樹	360 元
217	透視財務分析內幕	360 元	250	企業經營計畫〈增訂二版〉	360 元
219	總經理如何管理公司	360 元	251	績效考核手冊	360 元
222	確保新產品銷售成功	360 元	252	營業管理實務（增訂二版）	360 元
223	品牌成功關鍵步驟	360 元	253	銷售部門績效考核量化指標	360 元
224	客戶服務部門績效量化指標	360 元	254	員工招聘操作手冊	360 元
226	商業網站成功密碼	360 元	255	總務部門重點工作（增訂二版）	360 元
228	經營分析	360 元
229	產品經理手冊	360 元	256	有效溝通技巧	360 元
230	診斷改善你的企業	360 元	257	會議手冊	360 元
231	經銷商管理手冊(增訂三版)	360 元	258	如何處理員工離職問題	360 元
232	電子郵件成功技巧	360 元	259	提高工作效率	360 元
233	喬·吉拉德銷售成功術	360 元	260	贏在細節管理	360 元
234	銷售通路管理實務〈增訂二版〉	360 元	261	員工招聘性向測試方法	360 元
235	求職面試一定成功	360 元	262	解決問題	360 元
236	客戶管理操作實務〈增訂二版〉	360 元	263	微利時代制勝法寶	360 元
237	總經理如何領導成功團隊	360 元	264	如何拿到 VC（風險投資）的錢	360 元
238	總經理如何熟悉財務控制	360 元	265	如何撰寫職位說明書	360 元
239	總經理如何靈活調動資金	360 元	267	促銷管理實務〈增訂五版〉	360 元

268	顧客情報管理技巧	360 元
269	如何改善企業組織績效〈增訂二版〉	360 元
270	低調才是大智慧	360 元
271	電話推銷培訓教材〈增訂二版〉	360 元
272	主管必備的授權技巧	360 元
274	人力資源部流程規範化管理（增訂三版）	360 元
275	主管如何激勵部屬	360 元

《商店叢書》

4	餐飲業操作手冊	390 元
5	店員販賣技巧	360 元
10	賣場管理	360 元
12	餐飲業標準化手冊	360 元
13	服飾店經營技巧	360 元
18	店員推銷技巧	360 元
19	小本開店術	360 元
20	365 天賣場節慶促銷	360 元
29	店員工作規範	360 元
30	特許連鎖業經營技巧	360 元
32	連鎖店操作手冊（增訂三版）	360 元
33	開店創業手冊〈增訂二版〉	360 元
34	如何開創連鎖體系〈增訂二版〉	360 元
35	商店標準操作流程	360 元
36	商店導購口才專業培訓	360 元
37	速食店操作手冊〈增訂二版〉	360 元
38	網路商店創業手冊〈增訂二版〉	360 元
39	店長操作手冊（增訂四版）	360 元

40	商店診斷實務	360 元
41	店鋪商品管理手冊	360 元
42	店員操作手冊（增訂三版）	360 元
43	如何撰寫連鎖業營運手冊〈增訂二版〉	360 元
44	店長如何提升業績〈增訂二版〉	360 元
45	向肯德基學習連鎖經營〈增訂二版〉	360 元
46	連鎖店督導師手冊	360 元
47	賣場如何經營會員制俱樂部	360 元

《工廠叢書》

5	品質管理標準流程	380 元
9	ISO 9000 管理實戰案例	380 元
10	生產管理制度化	360 元
11	ISO 認證必備手冊	380 元
12	生產設備管理	380 元
13	品管員操作手冊	380 元
15	工廠設備維護手冊	380 元
16	品管圈活動指南	380 元
17	品管圈推動實務	380 元
20	如何推動提案制度	380 元
24	六西格瑪管理手冊	380 元
30	生產績效診斷與評估	380 元
32	如何藉助 IE 提升業績	380 元
35	目視管理案例大全	380 元
38	目視管理操作技巧(增訂二版)	380 元
40	商品管理流程控制(增訂二版)	380 元
42	物料管理控制實務	380 元
46	降低生產成本	380 元
47	物流配送績效管理	380 元

49	6S 管理必備手冊	380 元
50	品管部經理操作規範	380 元
51	透視流程改善技巧	380 元
55	企業標準化的創建與推動	380 元
56	精細化生產管理	380 元
57	品質管制手法〈增訂二版〉	380 元
58	如何改善生產績效〈增訂二版〉	380 元
60	工廠管理標準作業流程	380 元
61	採購管理實務〈增訂三版〉	380 元
62	採購管理工作細則	380 元
63	生產主管操作手冊(增訂四版)	380 元
64	生產現場管理實戰案例〈增訂二版〉	380 元
65	如何推動 5S 管理（增訂四版）	380 元
66	如何管理倉庫（增訂五版）	380 元
67	生產訂單管理步驟〈增訂二版〉	380 元
68	打造一流的生產作業廠區	380 元
70	如何控制不良品〈增訂二版〉	380 元
71	全面消除生產浪費	380 元
72	現場工程改善應用手冊	380 元
73	部門績效考核的量化管理（增訂四版）	380 元

《醫學保健叢書》

1	9 週加強免疫能力	320 元
3	如何克服失眠	320 元
4	美麗肌膚有妙方	320 元
5	減肥瘦身一定成功	360 元
6	輕鬆懷孕手冊	360 元

7	育兒保健手冊	360 元
8	輕鬆坐月子	360 元
11	排毒養生方法	360 元
12	淨化血液　強化血管	360 元
13	排除體內毒素	360 元
14	排除便秘困擾	360 元
15	維生素保健全書	360 元
16	腎臟病患者的治療與保健	360 元
17	肝病患者的治療與保健	360 元
18	糖尿病患者的治療與保健	360 元
19	高血壓患者的治療與保健	360 元
22	給老爸老媽的保健全書	360 元
23	如何降低高血壓	360 元
24	如何治療糖尿病	360 元
25	如何降低膽固醇	360 元
26	人體器官使用說明書	360 元
27	這樣喝水最健康	360 元
28	輕鬆排毒方法	360 元
29	中醫養生手冊	360 元
30	孕婦手冊	360 元
31	育兒手冊	360 元
32	幾千年的中醫養生方法	360 元
33	免疫力提升全書	360 元
34	糖尿病治療全書	360 元
35	活到 120 歲的飲食方法	360 元
36	7 天克服便秘	360 元
37	為長壽做準備	360 元
38	生男生女有技巧〈增訂二版〉	360 元
39	拒絕三高有方法	360 元

《培訓叢書》

4	領導人才培訓遊戲	360 元
8	提升領導力培訓遊戲	360 元
11	培訓師的現場培訓技巧	360 元
12	培訓師的演講技巧	360 元
14	解決問題能力的培訓技巧	360 元
15	戶外培訓活動實施技巧	360 元
16	提升團隊精神的培訓遊戲	360 元
17	針對部門主管的培訓遊戲	360 元
18	培訓師手冊	360 元
19	企業培訓遊戲大全（增訂二版）	360 元
20	銷售部門培訓遊戲	360 元
21	培訓部門經理操作手冊（增訂三版）	360 元
22	企業培訓活動的破冰遊戲	360 元
23	培訓部門流程規範化管理	360 元

《傳銷叢書》

4	傳銷致富	360 元
5	傳銷培訓課程	360 元
7	快速建立傳銷團隊	360 元
10	頂尖傳銷術	360 元
11	傳銷話術的奧妙	360 元
12	現在輪到你成功	350 元
13	鑽石傳銷商培訓手冊	350 元
14	傳銷皇帝的激勵技巧	360 元
15	傳銷皇帝的溝通技巧	360 元
17	傳銷領袖	360 元
18	傳銷成功技巧（增訂四版）	360 元
19	傳銷分享會運作範例	360 元

《幼兒培育叢書》

1	如何培育傑出子女	360 元
2	培育財富子女	360 元
3	如何激發孩子的學習潛能	360 元
4	鼓勵孩子	360 元
5	別溺愛孩子	360 元
6	孩子考第一名	360 元
7	父母要如何與孩子溝通	360 元
8	父母要如何培養孩子的好習慣	360 元
9	父母要如何激發孩子學習潛能	360 元
10	如何讓孩子變得堅強自信	360 元

《成功叢書》

1	猶太富翁經商智慧	360 元
2	致富鑽石法則	360 元
3	發現財富密碼	360 元

《企業傳記叢書》

1	零售巨人沃爾瑪	360 元
2	大型企業失敗啟示錄	360 元
3	企業併購始祖洛克菲勒	360 元
4	透視戴爾經營技巧	360 元
5	亞馬遜網路書店傳奇	360 元
6	動物智慧的企業競爭啟示	320 元
7	CEO 拯救企業	360 元
8	世界首富　宜家王國	360 元
9	航空巨人波音傳奇	360 元
10	傳媒併購大亨	360 元

《智慧叢書》

1	禪的智慧	360 元
2	生活禪	360 元

3	易經的智慧	360 元
4	禪的管理大智慧	360 元
5	改變命運的人生智慧	360 元
6	如何吸取中庸智慧	360 元
7	如何吸取老子智慧	360 元
8	如何吸取易經智慧	360 元
9	經濟大崩潰	360 元
10	有趣的生活經濟學	360 元
11	低調才是大智慧	360 元

《DIY 叢書》

1	居家節約竅門 DIY	360 元
2	愛護汽車 DIY	360 元
3	現代居家風水 DIY	360 元
4	居家收納整理 DIY	360 元
5	廚房竅門 DIY	360 元
6	家庭裝修 DIY	360 元
7	省油大作戰	360 元

《財務管理叢書》

1	如何編制部門年度預算	360 元
2	財務查帳技巧	360 元
3	財務經理手冊	360 元
4	財務診斷技巧	360 元
5	內部控制實務	360 元
6	財務管理制度化	360 元
8	財務部流程規範化管理	360 元
9	如何推動利潤中心制度	360 元

為方便讀者選購，本公司將一部分上述圖書又加以專門分類如下：

《企業制度叢書》

1	行銷管理制度化	360 元

2	財務管理制度化	360 元
3	人事管理制度化	360 元
4	總務管理制度化	360 元
5	生產管理制度化	360 元
6	企劃管理制度化	360 元

《主管叢書》

1	部門主管手冊	360 元
2	總經理行動手冊	360 元
4	生產主管操作手冊	380 元
5	店長操作手冊（增訂版）	360 元
6	財務經理手冊	360 元
7	人事經理操作手冊	360 元
8	行銷總監工作指引	360 元
9	行銷總監實戰案例	360 元

《總經理叢書》

1	總經理如何經營公司(增訂二版)	360 元
2	總經理如何管理公司	360 元
3	總經理如何領導成功團隊	360 元
4	總經理如何熟悉財務控制	360 元
5	總經理如何靈活調動資金	360 元

《人事管理叢書》

1	人事管理制度化	360 元
2	人事經理操作手冊	360 元
3	員工招聘技巧	360 元
4	員工績效考核技巧	360 元
5	職位分析與工作設計	360 元
7	總務部門重點工作	360 元
8	如何識別人才	360 元
9	人力資源部流程規範化管理（增訂三版）	360 元
10	員工招聘操作手冊	360 元

| 11 | 如何處理員工離職問題 | 360 元 |

《理財叢書》

1	巴菲特股票投資忠告	360 元
2	受益一生的投資理財	360 元
3	終身理財計劃	360 元
4	如何投資黃金	360 元
5	巴菲特投資必贏技巧	360 元
6	投資基金賺錢方法	360 元
7	索羅斯的基金投資必贏忠告	360 元
8	巴菲特為何投資比亞迪	360 元

《網路行銷叢書》

1	網路商店創業手冊〈增訂二版〉	360 元
2	網路商店管理手冊	360 元
3	網路行銷技巧	360 元
4	商業網站成功密碼	360 元
5	電子郵件成功技巧	360 元
6	搜索引擎行銷	360 元

《企業計畫叢書》

1	企業經營計劃〈增訂二版〉	360 元
2	各部門年度計劃工作	360 元
3	各部門編制預算工作	360 元
4	經營分析	360 元
5	企業戰略執行手冊	360 元

《經濟叢書》

| 1 | 經濟大崩潰 | 360 元 |
| 2 | 石油戰爭揭秘(即將出版) | |

建立企業圖書館

當市場競爭激烈時：

培訓員工，強化員工競爭力
是企業最佳對策

「人才」是企業最大的財富。如何提升人才，是企業永續經營、戰勝對手的核心競爭力。積極培訓公司內部員工，是經濟不景氣時期的最佳戰略，而最快速的具體作法，就是**「建立企業內部圖書館，鼓勵員工多閱讀、多進修專業書籍」**

建議您：請一次購足本公司所出版各種經營管理類圖書，作為貴公司內部員工培訓圖書。 使用率高的（例如「贏在細節管理」），準備 3 本；使用率低的（例如「工廠設備維護手冊」），只買 1 本。

最 暢 銷 的 商 店 叢 書

	名　稱	說　明	特　價
1	速食店操作手冊	書	360 元
4	餐飲業操作手冊	書	390 元
5	店員販賣技巧	書	360 元
6	開店創業手冊	書	360 元
8	如何開設網路商店	書	360 元
9	店長如何提升業績	書	360 元
10	賣場管理	書	360 元
11	連鎖業物流中心實務	書	360 元
12	餐飲業標準化手冊	書	360 元
13	服飾店經營技巧	書	360 元
14	如何架設連鎖總部	書	360 元
15	〈新版〉連鎖店操作手冊	書	360 元
16	〈新版〉店長操作手冊	書	360 元
17	〈新版〉店員操作手冊	書	360 元
18	店員推銷技巧	書	360 元
19	小本開店術	書	360 元
20	365 天賣場節慶促銷	書	360 元
21	連鎖業特許手冊	書	360 元
22	店長操作手冊（增訂版）	書	360 元
23	店員操作手冊（增訂版）	書	360 元
24	連鎖店操作手冊（增訂版）	書	360 元
25	如何撰寫連鎖業營運手冊	書	360 元
26	向肯德基學習連鎖經營	書	360 元
27	如何開創連鎖體系	書	360 元
28	店長操作手冊（增訂三版）	書	360 元

郵局劃撥戶名：憲業企管顧問公司

郵局劃撥帳號：18410591

商店叢書⑰   售價：360 元

賣場如何經營會員制俱樂部

西元二〇一一年十一月   初版一刷

編著：洪海洋

策劃：麥可國際出版有限公司（新加坡）

編輯：蕭玲

校對：洪飛娟

發行人：黃憲仁

發行所：憲業企管顧問有限公司

電話：（02）2762-2241　　（03）9310960　　0930872873

購買方式：

1.（銀行 ATM 轉帳）合作金庫銀行 帳號：**5034-717-347447**

2.（郵政劃撥）**18410591 憲業企管顧問有限公司**

電子信箱：huang2838@yahoo.com.tw

江祖平律師顧問：紙品書、數位書著作權與版權均歸本公司所有

登記證：行政業新聞局版台業字第 6380 號

　　　本公司徵求海外版權出版代理商（0930872873）

本圖書是由憲業企管顧問（集團）公司所出版，以專業立場，
為企業界提供最專業的各種經營管理類圖書。

圖書編號 ISBN：978-986-6084-29-4